TRAITÉ TECHNIQUE

DE

CHIMIE BIOLOGIQUE

AVEC APPLICATIONS

A LA PHYSIOLOGIE, A LA PATHOLOGIE, A LA CLINIQUE ET A LA THÉRAPEUTIQUE

PAR

E. QUINQUAUD

MÉDECIN DES HOPITAUX, ETC.

DÉCOLORIMÉTRIE. — NOUVEAUX PROCÉDÉS DE DOSAGE DE L'URÉE
SPECTROPHOTOMÉTRIE — RECHERCHES DE PHYSIOLOGIE PATHOLOGIQUE SUR LA RESPIRATION
ACTION DE L'ARSENIC SUR LE DIABÈTE
MÉTHODE POUR L'ÉTUDE DES ALBUMINOÏDES ET LE PROTOPLASMA DES TISSUS
PTOMAÏNES — ANATOMO-PATHOLOGIE CHIMIQUE
MESURE DE LA MASSE TOTALE DU SANG

AVEC 6 PLANCHES INTERCALÉES DANS LE TEXTE

PARIS

ADRIEN DELAHAYE et ÉMILE LECROSNIER, ÉDITEURS

PLACE DE L'ÉCOLE-DE-MÉDECINE

1883

TRAITÉ TECHNIQUE

DE

CHIMIE BIOLOGIQUE

Motteroz, Adm.-Direct. des Imprimeries réunies, B, Puteaux

TRAITÉ TECHNIQUE

DE

CHIMIE BIOLOGIQUE

AVEC APPLICATIONS

A LA PHYSIOLOGIE, A LA PATHOLOGIE A LA CLINIQUE ET A LA THÉRAPEUTIQUE

PAR

E. QUINQUAUD

MÉDECIN DES HOPITAUX, ETC.

DÉCOLORIMÉTRIE. — NOUVEAUX PROCÉDÉS DE DOSAGE DE L'URÉE
SPECTROPHOTOMÉTRIE — RECHERCHES DE PHYSIOLOGIE PATHOLOGIQUE SUR LA RESPIRATION
ACTION DE L'ARSENIC SUR LE DIABÈTE
MÉTHODE POUR L'ÉTUDE DES ALBUMINOÏDES ET LE PROTOPLASMA DES TISSUS
PTOMAÏNES — ANATOMO-PATHOLOGIE CHIMIQUE
MESURE DE LA MASSE TOTALE DU SANG

AVEC 6 PLANCHES INTERCALÉES DANS LE TEXTE

PARIS

ADRIEN DELAHAYE et ÉMILE LECROSNIER, ÉDITEURS

PLACE DE L'ÉCOLE-DE-MÉDECINE

1883

PRÉFACE

Ce Traité comprend une série d'études où l'exposé des applications à la physiologie et à la pathologie, suit l'indication des procédés techniques et des manipulations chimiques. Les unes de ces méthodes ont été empruntées à nos meilleurs auteurs, après vérification par nous-même, dans notre laboratoire; d'autres nous appartiennent en propre.

Notre but serait atteint si la connaissance des résultats obtenus pouvait décider de jeunes docteurs à se consacrer à cette branche de la médecine scientifique. Nous sommes profondément convaincu que cette voie, encore peu frayée dans notre pays, conduira sûrement à des découvertes inattendues, et à des données d'une haute valeur, tant par les conséquences pratiques qu'au point de vue spéculatif. La chimie, après avoir métamorphosé l'industrie, transformera la médecine, en dépit des résistances que la loi inflexible du progrès brisera tôt ou tard. Cette rénovation, commencée autour de nous, ne doit pas s'accomplir sans nous. La France, après avoir brillé d'un vif éclat dans toutes les branches des connaissances humaines, ne saurait aujourd'hui se désintéresser de l'une d'elles. Noblesse oblige.

E. QUINQUAUD.

Paris, 1ᵉʳ décembre 1882.

NOTA. — Les procédés sans nom propre sont dus à l'auteur du *Traité*, qui comprendra six volumes.

TRAITÉ TECHNIQUE

DE

CHIMIE BIOLOGIQUE

CHAPITRE PREMIER

DÉCOLORIMÉTRIE

MÉTHODE DE DOSAGE VOLUMÉTRIQUE, EN PARTICULIER
DE L'HÉMOGLOBINE TOTALE

Cette méthode générale permet de doser les matières colorantes contenues dans un grand nombre de liquides et de solides. Le dosage se fait directement ou indirectement, après avoir fait subir aux produits qui renferment les liquides colorants des préparations diverses.

Les substances qui peuvent servir à la décoloration sont nombreuses et varient suivant le corps que l'on veut doser : nous nous proposons, dans une série de mémoires, de résoudre ces diverses questions de chimie analytique.

Aujourd'hui nous insisterons sur le dosage de l'hémoglobine totale à l'aide d'un agent décolorant : le chlore dissous ou un hypochlorite.

Mode de préparation. — On pulvérise du bichromate de potasse que l'on place dans un ballon en verre de 400 grammes, on y ajoute d'abord de l'acide sulfurique, puis 100 à 150 grammes d'acide chlorhydrique; à la température de l'ébullition, il se dégage du chlore.

$$2CrO + 6HCl = Cr^2Cl^3 + 6HO + 3Cl$$

L'action est d'abord lente, puis devient active et continue; une lampe à alcool suffit; si on emploie le bec de Bunsen, il est nécessaire de modérer la flamme.

Trois groupes d'appareils sont indispensables :

1° *Un appareil producteur* où réagissent les substances génératrices. Le dispositif est le suivant : sous une hotte on place un support qui maintient un ballon en verre assez épais, dans lequel on verse 100 à 150 grammes de bichromate de potasse, quelques grammes d'acide sulfurique et 100 grammes d'acide chlorhydrique du commerce en solution aqueuse concentrée. On ferme avec un bouchon de caoutchouc dans lequel s'engage un tube à dégagement et un tube de sûreté, par où on verse de l'acide chlorhydrique si le premier n'était pas suffisant : la hauteur de la solution chlorhydrique dans le tube de sûreté permet de suivre les oscillations de la pression dans l'appareil.

2° *Deux flacons laveurs* à moitié pleins d'eau, d'un demi-litre à un litre de capacité; leurs deux tubulures sont munies de bouchons en caoutchouc dans lesquels est engagé un tube abducteur qui permet de les relier à l'aide de tubes de caoutchouc, soit avec le ballon générateur, soit avec le tube du vase suivant.

3° *Un troisième flacon* à demi rempli d'eau distillée qui sera l'eau de chlore à titrer ; pour arriver à faire une liqueur rapidement saturée, on fait passer le gaz dans ce flacon à trois tubulures, munies de bouchons dans lesquels s'engagent des tubes en verre se reliant aux précédents à l'aide de tubes en caoutchouc et au suivant par un tube semblable.

4° Enfin *un quatrième flacon* plein d'eau saturée de bicarbonate de soude, dans lequel vient déboucher un tube abducteur réuni aux précédents : le chlore qui n'est point dissous porte son action sur le bicarbonate de soude et ne se répand pas dans l'atmosphère ambiante.

Lorsque le dégagement s'opère dans ce dernier vase, on agite le flacon à eau distillée jusqu'à ce que le liquide bicarbonaté monte dans le tube terminal, ce qui indique que l'eau distillée n'est pas encore saturée, puisqu'il se forme encore un vide dans le flacon. De temps à autre il est donc nécessaire de soumettre à l'agitation le flacon qui contient l'eau de chlore. La durée de la saturation de l'eau distillée est environ d'une heure. La fin de l'opération est indiquée par la non-formation du vide dans le flacon à eau distillée, dès lors le liquide du dernier flacon ne s'élève plus dans le tube abducteur en verre qui plonge dans l'eau.

La solution chlorée est placée dans de petits flacons d'une capacité de 300 centimètres cubes en verre jaune, bouchés à l'émeri, et conservés à l'abri de la lumière. Cette eau peut servir directement à la décolorimétrie après avoir été titrée.

Propriétés chimiques du chlore. — Ce corps simple métalloïde est, comme on le sait, doué d'affinités énergiques ; il se combine directement avec l'hydrogène et avec un grand nombre de corps : dans l'obscurité complète et à la température ordinaire, un mélange à volumes égaux des deux gaz se conserve sans production d'acide chlorhydrique et sans altération. A la lumière diffuse ou à la lumière artificielle peu intense, la combinaison se fait graduellement ; sous l'influence de la lumière directe et vive du soleil, elle a lieu brusquement.

Le chlore est soluble dans l'eau ; sa solubilité atteint son maximum à 8 degrés dans ce liquide. Sous l'influence de la lumière solaire, il s'y transforme en acide chlorhydrique et en oxygène suivant la formule :

$$Cl^2 + H^2O = 2HCl + O$$

Cette décomposition de l'eau par le chlore peut être provoquée instantanément à la température ordinaire s'il vient se joindre un corps capable de fixer l'oxygène ; dans ces circonstances le chlore devient un énergique oxydant : on connaît la réaction classique lorsqu'on met en présence de l'eau de chlore et de l'acide sulfureux :

$$Cl^2 + 2H^2O + SO^2 = 2HCl + SO^4H^2$$

Même réaction en présence de l'acide arsénieux ou d'un arsénite :

$$Cl^4 + 2H^2O + As^2O^3 = 4ACl + As^2O^5$$

Cette dernière action est celle qui entre en jeu dans le titrage de l'eau de chlore pour les essais chlorométriques et dont nous nous servons pour *titrer l'eau chlorée*.

Le chlore s'unit encore à des radicaux composés organiques et minéraux ; il donne naissance à des phénomènes de

substitution bien étudiés par Dumas, Laurent, Regnault, etc.
Ce genre de réaction est symbolisé par l'exemple suivant :

$$C^2H^4O^2 + Cl^6 = 3HCl + C^2HCl^3O^2$$
Acide acétique.   Acide acéti-trichloré.
$$C^2H^4O^2 + Cl^2 = HCl + C^2H^3Cl\,O^2$$

Les atomes d'hydrogène sont remplacés. par un nombre égal de chlore.

Ce gaz agit comme décolorant grâce aux phénomènes d'oxydation ou de substitution que nous venons de signaler. Ces mêmes activités chimiques entrent en jeu lorsqu'on décolore le liquide hématique.

Le chlore agit encore sur les matières albuminoïdes qui en absorbent de 10 à 12 pour 100; partant, lorsque nous produirons une décoloration du liquide sanguin, le chlore portera son action sur les matières azotées; mais comme la quantité renfermée dans le sérum de 1 centimètre cube de sang est faible relativement à l'hémoglobine, il en résulte que l'erreur sera minime.

Le principe de la méthode décolorimétrique repose sur les propriétés de décoloration si connues du chlore et des hypochlorites. Lorsqu'on ajoute de l'eau de chlore au sang et que l'on agite, celui-ci passe par des teintes diverses, il se fonce d'abord, devient brun noir, sans aucune odeur; pendant cette phase le chlore se combine avec l'hémoglobine et commence la décoloration; puis le liquide s'éclaircit, l'odeur du chlore apparaît, tandis que le sang devient jaune noir, jaune sale, jaune verdâtre pour arriver à la teinte limite gris-verdâtre ardoisée très nette, lorsqu'on regarde à la lumière réfléchie. L'excès de chlore est évalué à l'aide du sulfate d'indigo titré.

Pour doser l'hémoglobine totale, il suffit de connaître une fois pour toutes quel volume d'eau de chlore titrée décolore une quantité connue d'hémoglobine cristallisée, c'est là *une donnée fondamentale*. On se servira de cette même eau de chlore pour décolorer un volume donné de sang; on connaît ainsi trois termes d'une équation, dont il sera facile de déterminer le quatrième.

Pour atteindre ce but, il faut donc titrer l'eau de chlore, décolorer une quantité donnée d'hémoglobine cristallisée ou une quantité déterminée de sang dont on aura dosé l'hémoglobine.

Titrage de l'eau de chlore. — Il se fait à l'aide d'une solution alcaline d'acide arsénieux dans les proportions suivantes :

Eau distillée.............................	250^{gr}
Acide arsénieux............................	6^{gr} 187
Carbonate de soude........................	3^{gr} 312

La burette A à eau de chlore est munie inférieurement d'un petit ajutage *g* en caoutchouc, qui communique avec le flacon D contenant l'eau chlorée; l'extrémité inférieure de la burette est munie d'une pince à pression, tandis qu'à l'extrémité supérieure existe un bouchon de caoutchouc, dans lequel s'engage un long tube F en verre, qui par son extrémité inférieure plonge dans un barboteur E contenant une solution saturée de bicarbonate de soude, lequel retient le chlore. — Sur la partie latérale existe un appendice en verre effilé C, par où l'air peut entrer. On peut adapter un second barboteur à eau bicarbonatée en communication avec le premier; un tube en verre muni d'un tube en caoutchouc, sert à faire l'aspiration avec la cavité buccale.

Manière d'opérer. — On aspire l'eau de chlore de la burette par le tube en caoutchouc du premier barboteur; on produit ainsi une tendance au vide dans les barboteurs, puis dans le tube en verre de la burette elle-même ; à ce moment l'eau de

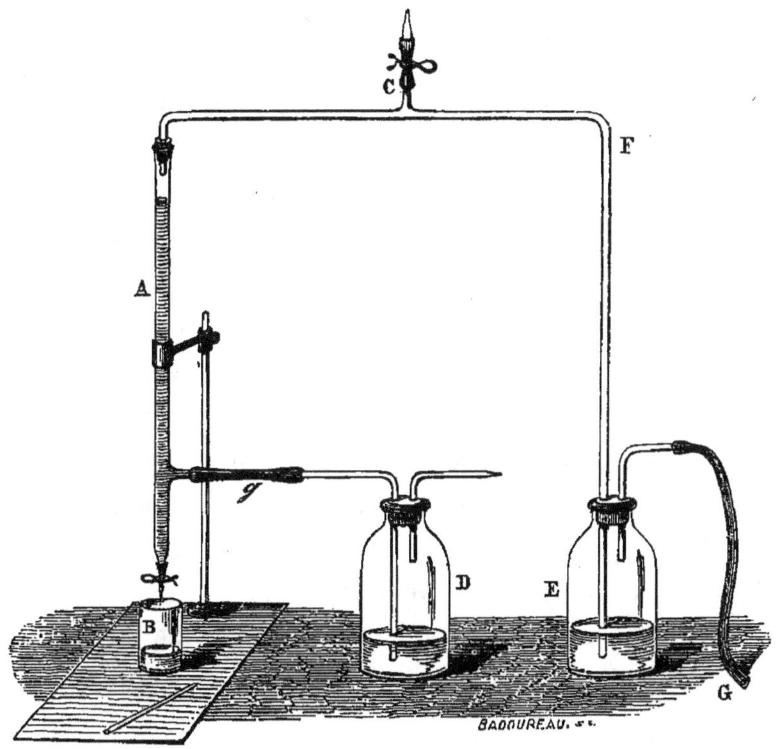

Fig. 1.

chlore monte sans agitation dans la burette. Le chlore pourrait être aspiré par l'opérateur, mais la petite quantité qui peut passer est absorbée par le bicarbonate de soude des barboteurs. Le vide étant partiel, le liquide ne pourrait plus descendre par l'extrémité inférieure ; l'ajutage latéral C du tube permet d'obvier à cet inconvénient en laissant passer l'air par le petit orifice.

On met alors 4 centimètres cubes de la solution alcaline dans un vase à précipité, toujours à l'aide de la même pipette exactement graduée; on ajoute deux ou trois gouttes de carmin d'indigo en solution (un litre d'eau et 20 grammes de pâte que l'on délaye à chaud dans un bain-marie).

On fait couler peu à peu l'eau de chlore dans le verre à expérience, jusqu'à ce que la teinte bleue se soit fort atténuée. A ce moment on ajoute encore une goutte d'indigo, on fait couler de nouveau l'eau chlorée, la couleur bleuâtre s'atténue, on verse une goutte d'indigo, on ajoute de l'eau de chlore, jusqu'à ce que l'on obtienne une décoloration complète : on est au point à ce moment : on s'en assure en ajoutant une goutte d'indigo *qui n'est pas décolorée et qui se décolore avec une seule goutte d'eau chlorée.* Si la goutte d'indigo est décolorée, le point limite est dépassé : il faut faire la correction avec l'indigo préalablement titré à l'aide de l'eau chlorée, ou recommencer un second titrage, qui se fera plus rapidement, puisqu'on a un point de repère. On note la quantité d'eau de chlore employée, et l'on ramène, par une simple proportion, cette quantité à ce qu'elle aurait été, s'il avait fallu 10 cc pour 4 centimètres cubes de la solution arsenicale.

Recherches de la quantité d'hémoglobine qui correspond à une quantité donnée d'eau de chlore titrée. Préparation de l'hémoglobine cristallisée. — Le sang employé a été celui des Mammifères et des Oiseaux : le liquide sanguin a été tantôt mélangé à moitié son poids d'eau distillée à 4 à 5°. D'autres fois le sang a été congelé dans des glacières artificielles; on a ajouté 1/4 ou 1/3 de son volume en alcool absolu, puis filtré à l'aide d'un quadruple filtre; la solution d'hémoglobine a été

introduite dans une glacière ou dans un mélange réfrigérant :
le lendemain ou le surlendemain, les cristaux étaient abondants, surtout pendant l'hiver. Par une série de réfrigérations
et de filtrations successives, nous sommes arrivé à purifier les
cristaux d'hémoglobine. La première cristallisation est excessivement facile à réaliser; les autres sont fort difficiles. Il est
indispensable de posséder de bonnes glacières avec des températures basses constantes. Ces purifications sont indispensables, car on n'obtient guère plus de 60 p. 100 de la
première cristallisation, c'est-à-dire que 100 grammes de
cristaux d'hémoglobine de première cristallisation, dessé-
chés à 100°, ne donnent guère plus de 60 grammes de
cristaux d'hémoglobine pure, placés dans les mêmes conditions.

La première cristallisation contient en effet des albuminoïdes du sang, des sels insolubles, et la purification exige des
soins tout spéciaux, des opérations multipliées, qui demandent
beaucoup de temps et de patience; nous avons fait ces recherches pendant les grands froids de l'hiver dernier. Parfois
encore les cristallisations ultérieures ont été réalisées dans le
vide, la cloche étant entourée extérieurement d'un mélange
réfrigérant, et en communication avec une trompe à eau de
Golaz, qui fonctionnait jour et nuit.

Ces cristaux purifiés sont dissous dans l'eau distillée, et
divisés en deux parties égales : la première sert au titrage,
la seconde est mesurée, pesée et placée dans une étuve à
air, où elle est séchée à 100° : on la pèse de nouveau
après dessiccation, le poids indique le titre de la solution
d'hémoglobine. C'est la première solution qui est soumise
à la décoloration par l'eau de chlore titrée à l'aide d'un

simple calcul il est facile de connaître la quantité d'hémoglobine correspondant à un volume donné d'eau de chlore titrée.

Sang dont on détermine la teneur en hémoglobine. — Mais, en raison de l'action de l'eau de chlore sur les albuminoïdes et autres substances du sang, le titrage par l'hémoglobine donne lieu à une faible erreur, que nous avons pu apprécier en dosant l'hémoglobine dans un sang dont on a produit également la décoloration par l'eau de chlore titrée; on peut ainsi obtenir la quantité d'eau de chlore qui correspond à une quantité donnée d'hémoglobine. Pour cela on prend, d'une part, deux ou trois centimètres cubes de sang, que l'on décolore à l'aide d'une eau de chlore titrée. D'autre part, on mesure une certaine quantité du même sang, que l'on soumet à la cristallisation d'après les règles que nous avons établies plus haut (combinaison du vide continu pendant plusieurs jours par la trompe Golaz avec la réfrigération) : la plus grande partie cristallise; on purifie les cristaux et on les dessèche à 100°; en outre, on évalue par la méthode optique ce qui reste d'hémoglobine en solution dans les eaux mères : la somme de ces deux provenances d'hémoglobine donnera la quantité totale d'hémoglobine contenue dans le sang mesuré; partant, il sera possible de connaître, par une simple proportion, quelle est la quantité d'hémoglobine qui correspond à une quantité donnée d'eau de chlore titrée.

Dosage de l'hémoglobine par la méthode optique. — On détermine par notre méthode de spectro-photométrie, à l'aide d'une première solution d'hémoglobine cristallisée titrée, la quantité d'hémoglobine que renferme un sang donné. De plus, on décolore 2 ou 3 centimètres cubes de ce même sang avec l'eau de chlore titrée. Il est facile alors de connaître la quantité d'hémoglobine qui correspond à une quantité déterminée d'eau de chlore titrée.

Donnée fondamentale. Quantité d'hémoglobine correspondant à un volume donné d'eau de chlore titré. — C'est à l'aide de ces procédés divers que nous avons pu fixer la donnée fondamentale de la méthode. De ces dosages multipliés on arrive à conclure que 5^{cc}, 5 d'une eau de chlore titrant 10^{cc} pour 4^{cc} de solution arsenicale de la composition précédente, décolorent 0^{gr},085 d'hémoglobine cristallisée, purifiée et desséchée à 100°. Certes le chlore agit sur d'autres substances; mais, pour un centimètre cube de sang décoloré, par 16 ou 18 centimètres cubes d'eau de chlore, l'erreur n'est guère plus de 0^{cg},2 à 0^{cg},3 ; d'ailleurs cette différence peut être encore fort atténuée, comme nous l'établirons plus loin.

Prenons un exemple : en titrant la solution arsenicale à l'aide de l'eau de chlore, d'après les principes formulés plus haut, on trouve que quatre centimètres cubes de la solution arsenicale exigent 11^{cc},3 d'eau de chlore pour la transformation en arséniate.

D'autre part, un centimètre cube de sang nécessite (deux centimètres ayant été décolorés) 11^{cc},1 d'eau de chlore pour arriver à la teinte limite : voilà les données du problème.

Calculons maintenant quelle serait la quantité d'eau de chlore qu'il faudrait, si le titre était 10 au lieu de 11,3 :
On aura :

$$\frac{11,3}{11,1} = \frac{10}{x} \quad \text{d'où} \quad x = \frac{11,1 \times 10}{11,3} = 9^{cc},82$$

Mais nous avons appris par des recherches multipliées que 5^{cc},5 d'eau de chlore, au titre 10, correspondent à 0^{gr},085 d'hémoglobine, on aura donc pour la quantité d'hémoglobine contenue dans un centimètre cube de sang :

$$\frac{5,5}{0,085} = \frac{9.82}{x} \text{ d'où } x = \frac{9,82 + 0,085}{5,5} = 0{,}1517$$

ou 151,7 pour 1000 grammes de sang : dans ce cas, la méthode optique a donné 153 grammes.

Pour vérifier le procédé, nous avons fait un dosage comparatif du même échantillon de sang par diverses méthodes; les nombres du tableau expriment en grammes la quantité d'hémoglobine contenue dans 1000 grammes de sang.

TABLEAU MONTRANT LA QUANTITÉ D'HÉMOGLOBINE CONTENUE DANS 1000gr. DE SANG; QUANTITÉ ÉVALUÉE PAR DES MÉTHODES DIFFÉRENTES POUR UN MÊME ÉCHANTILLON.

ESPÈCE ANIMALE.	AGE.	DÉCOLORI-MÉTRIE.	MÉTHODE OPTIQUE.	MÉTHODE DIRECTE.	MÉTHODE DU POUVOIR ABSORBANT[1].
Bœuf...............	6 ans	120gr.6	122gr.	115gr.1	116gr.
Chien boule-dogue..	3 ans	158	160	153.2	152
Chien d'arrêt.......	2 ans	150.4	153	146	147
Truie grasse........	4 ans 1/2	119.0	121	113.6	114
Veau..............	2 mois	84.5	86	79	79.7
Poule	3 ans	73.8	75	69	70.2
Femme.............	70 ans	123.3	126	119	119.6

1. Quinquaud, *Académie des Sciences*, 1872.

La décolorimétrie, la méthode optique, donnent des nombres

très semblables; elles mesurent l'*hémoglobine totale;* les chiffres obtenus par la méthode du pouvoir absorbant donnent des poids inférieurs, puisque le procédé apprécie seulement l'hémoglobine active.

En employant la méthode du pouvoir absorbant et la décolorimétrie, nous avons démontré que certaines affections, la diphtérie, la variole hémorrhagique, certains toxiques, rendent inerte une partie de l'hémoglobine.

L'association des deux méthodes permettra donc aux physiologistes et aux pathologistes d'apprécier les divers états de l'hématocristalline.

CHAPITRE II

La vie est un ensemble de fonctions, qui aboutissent à une transformation de principes immédiats, complexes et à une dépense de forces, existant sous forme d'affinités dans ces principes mêmes. Ces derniers se fixent sur nos tissus, mais n'y restent pas à demeure; ils sont rejetés au dehors après avoir été modifiés par oxydation lente. Ce n'est point la seule forme de réaction chimique qui se fasse dans l'économie; dans le laboratoire, en effet, on obtient par dédoublement des corps dérivés de ces mêmes principes; nous avons montré dans un travail sur la dénutrition expérimentale que presque toutes les substances rencontrées dans nos parenchymes, ou les matières excrémentitielles peuvent être obtenues artificiellement; parmi ces corps, il en est qui sont de puissants toxiques comme les ptomaïnes.

D'ailleurs, un même composé peut être obtenu par l'un et l'autre mode de réaction chimique, c'est ce qui a lieu précisément pour l'urée : l'azote possédant une faible affinité pour l'oxygène, tend plutôt à s'unir à l'hydrogène; aussi, l'ammoniaque est-elle un des produits de l'oxydation lente des matières azotées; cependant, ce n'est point sous forme d'ammoniaque qu'il est éliminé de l'économie, mais sous forme d'urée, qui présente avec l'ammoniaque et l'acide carbonique des relations nettes, puisque l'urée est la carbamide, c'est-à-dire du carbonate d'ammoniaque moins de l'eau.

$$CO \begin{cases} OAzH^4 \\ OAzH^4 \end{cases} = CO \begin{cases} AzH^2 \\ AzH^2 \end{cases} + H^2O$$

Carbonate d'ammoniaque.

On pourrait admettre une réaction entre CO^2 et AzH^3 dans le sens de la réaction suivante:

$$CO^2 \quad + \quad 2AzH3 \quad = \quad H2O \quad + \quad CH^4Az^2 2O$$

Gaz   Ammoniaque.   Urée.
carbonique.

mais ce n'est pas admisible; il serait plausible de songer à une réaction des corps à l'état naissant, et encore ce ne serait là qu'une pure hypothèse.

L'urée semble devoir être produit aussi par dédoublement. P. Schützenberger a conclu, d'après le précipité barytique formé de carbonate et d'oxalate, que ces corps sont des dérivés de l'urée et de l'oxamide :

$$CO \begin{cases} AzH^2 \\ AzH^2 \end{cases} C^2O^2 \begin{cases} AzH^2 \\ AzH^2 \end{cases}$$

Urée.

dans lesquel ces molécules semblables et mêlées, sont modifiées par substitution, l'hydrogène des groupes AzH^2 pouvant être remplacé par d'autres groupes.

Ces deux modes d'activité chimique, oxydation et dédoublement, permettent bien d'apprécier l'ensemble des phénomènes, mais ils laissent encore obscurs les conditions, les procédés, les détails des réactions qui se produisent au sein de l'organisme.

Puisque, dans l'urine, l'urée est le produit de désassimilation le plus abondant, on peut penser, en le déterminant, à posséder une mesure de la dénutrition, il y a donc un grand intérêt théorique et pratique à pouvoir le doser avec une grande exactitude; ainsi s'explique l'ardeur des chimistes pour découvrir un bon procédé analytique : Depuis Fourcroy et Vauquelin [1], Prout [2], Dumas [3], Liebig [4], Ed. W. Davy [5], Rautenberg, Bunsen [6], on trouve les travaux de Knop [7], Gorup Besanez [8], Millon [9], Heintz [10], Ragsky, G. Rouchardat [11], Leconte [12], Hüfner [13], Gréhant [14], Boymond [15], Bouchard [16], Fenton [17], Apjohn [18], Esbach [19], Regnard, Russell et West [20], Magnier de la Source [21], Tichborne, Musculus [22], A. Dupré [23], Foster [24] ; à ces mémoires,

1. *Annales de Chimie*, VII, t. XX, p. 86.
2. *Annales de Chimie*, 1819, t. X, p. 367.
3. *Annales de Chimie*, 1830, t. XLIV, p. 273.
4. *Annales de Chimie und Pharmacie*, t. LXVIII, p. 310.
5. *Philosophical Magazine*, 4° série, 1855.
6. *Annales de Chimie und Pharmacie*, t. LXV, p. 375.
7. *Chemisches Centralblatt*, 1860, p. 258.
8. *Bulletin de la Société chimique*, 1863, p. 121.
9. *Comptes-rendus de l'Académie des sciences*, t. XXVI.
10. *Annales de Poggendorff*, t. LXVI, p. 114.
11. *Thèse de la faculté de médecine de Paris*, 1869.
12. *Thèse de la faculté des sciences*, 1870.
13. *Journal für practische Chemie (nouvelle série)*, 1871, t. III, p. 1.
11. *Comptes-rendus de l'académie des sciences*, p. 113, 1872.
15. *Thèse de l'école de pharmacie*, 1872.
16. *Tribune médicale*, 22 janvier 1871.
17. *Journal of the Chemical Society*, 1871.
18. *Chemical News*, t. XXI, p. 36.
19. *Bulletin thérapeutique*, 1871, p. 119.
20. *Journal of the Chemical Society*, 1875, p. 719.
21. *Bulletin de la Société chimique de Paris*, 1871, t. XXI, p. 291.
22. *Journal de pharmacie* (Alsace-Lorraine), janvier 1874.
23. *Journal of the Chemical Society*, mai 1877.
24. *Journal of the Chemical Society*, octobre 1878, p. 171.

il faut ajouter les savantes recherches d'Yvon [1] et de Méhu [2].

Depuis nombre d'années, nous avons recours aux divers procédés de ces auteurs ; aucun ne nous a satisfait complètement, soit au point de vue de la rapidité d'exécution, soit surtout au point de vue de l'exactitude rigoureuse. Après bien des recherches et des tâtonnements, nous nous sommes arrêté au dosage de l'urée par l'hypobromite de soude, après lui avoir fait subir des modifications qui nous paraissent importantes.

Dans une première série de recherches, nous nous sommes servi de la méthode employée par nos devanciers, Knop, Hufner, Yvon, Magnier de la Source, Foster, méthode qui consiste à recueillir le gaz dégagé par l'action de l'hypobromite sur l'urée dans des conditions déterminées.

Au début de cette étude, nous nous sommes trouvé en présence de grandes divergences, qui portent sur l'uréomètre, la quantité de gaz dégagé pour une même proportion d'urée, et sur les proportions d'eau, de soude et de brome devant entrer dans la solution qui va servir à la décomposition de l'urée. Ce sont des questions capitales, qui, si elles ne sont pas résolues, rendent le procédé de dosage tout à fait incertain et inexact.

M. Yvon a, cependant, atténué une cause d'erreur, en proposant d'employer une solution titrée d'urée ; toutefois, indépendamment de l'incommodité pour la pratique usuelle, il faudrait posséder une urée parfaitement pure, car ce corps est altérable, se falsifie même ; il faudrait donc, au préalable, faire

---

1. *Comptes rendus de la Société de biologie*, p. 217, décembre 1872. *Manuel clinique des urines*, 1880.

2. *Comptes rendus de l'Académie des sciences*, 1879. — *De l'urine normale et pathologique*, 1880.

une combustion ou rester dans les à peu près ; ce que l'on ne doit jamais faire, lorsqu'il s'agit de procédés de dosage, les règles de la chimie analytique s'y opposent.

Frappés de l'insuffisance de l'instrumentation, les chimistes ont essayé de varier les uréomètres qui sont aujourd'hui si nombreux, mais presque tous imparfaits ; ce qu'il faut pour un bon uréomètre, c'est qu'il soit bien gradué, qu'on puisse le placer dans les meilleures conditions possibles pour que le gaz prenne la température et la pression du milieu dans lequel il est plongé, qu'à ces conditions, il joigne celle d'être commode et facile à manœuvrer.

Un autre point étudié est la quantité de gaz dégagé à 0° et à 760^{mm} pour un poids donné d'urée avec des solutions diverses d'hypobromites. Ici, le plus grand désaccord existe entre les observateurs français et étrangers : Russell et West, en se servant de la solution de Knop (10 grammes dans 25 centimètres cubes de liquide) ont obtenu, dans leurs nombreuses expériences, une perte de 8 p. 100.

Foster [1], avec cette même solution qu'il nomme solution normale, a obtenu 92,3 p. 100 de l'azote total, en opérant sans l'aide de la chaleur et après avoir laissé en contact l'urée et l'hypobromite pendant quinze minutes.

Le même chimiste fait observer qu'en employant une solution de soude extrèmement concentrée, on obtient 98 p. 100 de l'azote total de l'urée, en opérant sans l'intermédiaire de la chaleur, le gaz ayant été mesuré après quinze minutes de contact ; toutefois, il trouve sa solution visqueuse.

Notons que c'est le seul observateur qui ait démontré l'im-

<hr>

1. *Journal of the Chemical Society*, octobre 1878, p. 471.

portance de la force des solutions : avec les solutions fortes, on obtient toujours un dégagement gazeux plus considérable qu'avec des solutions moins fortes; quant aux solutions normales, elles donnent une perte de 8 p. 100.

Nos nombreuses expériences confirment pleinement la manière de voir du chimiste anglais; toutefois, l'auteur ne donne pas la mesure de la force des solutions, ce qui est urgent dans l'espèce.

C'est alors que nous avons entrepris une marche systématique pour arriver à reconnaître la cause des divergences des résultats obtenus par des observateurs éminents. Tout d'abord, il fallait mesurer la force des solutions employées, reconnaître en un mot quelle quantité d'hypobromite disparaissait lors de la décomposition de l'urée, afin de vérifier en premier lieu si la réaction suivante, admise à priori, était bien exacte :

$$CO\,(AzH^2)^2 + 3BrONa = 3NaBr + CO^2 + Az^3 + 2H^2O.$$

c'est donc le dosage de l'hypobromite employé qui doit ici nous préoccuper. M. Yvon, dans un récent Mémoire, dose l'hypobromite de soude par la quantité d'azote dégagé dans la décomposition de l'urée [1]. « Je me suis rendu compte de la proportion d'hypobromite formé, en faisant agir des volumes égaux de solution sur un excès d'urée, ou plus simplement d'ammoniaque, et mesurant le volume d'azote dégagé. » Or, la quantité d'azote dégagé dépend des rapports de soude et de brome contenus dans la liqueur oxydante, ainsi que cela résulte de nos expériences. Tout au plus le procédé pourrait-il convenir pour une solution d'hypobromite et une solution

---

1. Sur la composition des hypobromites alcalins par le dosage de l'urée (*Journal de pharmacie et de chimie*, p. 647, juin 1881).

d'urée toujours les mêmes. Le titre de l'hypobromite varie suivant bien des circonstances, ainsi que les urées elles-mêmes. Ce procédé ne saurait nous satisfaire.

Pour titrer l'hypobromite de soude, nous avons d'abord essayé la méthode classique, employée en chlorométrie : elle consiste à verser l'hypochlorite ou l'hypobromite dans une solution chlorhydrique d'acide arsénieux en présence du sulfate d'indigo. Il y a dans ce procédé plusieurs inconvénients : au moment du dosage, à mesure que l'on fait tomber l'hypobromite alcalin dans le vase à précipité, il faut successivement ajouter de l'acide chlorhydrique de manière à ce que la liqueur arsénicale reste constamment acide.

Après l'addition de l'acide, il se produit une élévation de la température; de plus, on use de l'acide chlorhydrique pur; enfin les liqueurs deviennent trop étendues; il fallait éviter ces divers inconvénients.

Nous avons alors titré notre hypobromite à l'aide d'une solution alcaline d'acide arsénieux; l'arsénite se transforme en arséniate, en présence de l'hypobromite de soude, aussi rapidement que l'acide arsénieux en acide arsénique dans une liqueur acide; la fin de la réaction est encore indiquée par le sulfate d'indigo dont la couleur jaune verdâtre, en solution alcaline, cesse instantanément au terme de final la réaction. Nous avons, du reste, vérifié qu'une même **quantité** d'acide arsénieux en solution alcaline ou en solution **acide**, avec du sulfate d'indigo jaune verdâtre dans la première et bleu pour la seconde, exigeait rigoureusement la même quantité d'hypobromite, lorsque, dans le premier cas, on allait jusqu'à la décoloration jaune, et, dans le second, on passait du bleu à la teinte légèrement **jaune**.

Le dosage des hypobromites par les arsénites peut rendre de grands services, et mérite, par sa rigueur, d'être rangé à côté des méthodes classiques d'analyse chimique.

Avec ce procédé de titrage, il nous était facile de résoudre la question que nous nous étions posée, à savoir : si, comme on l'avait admis, un équivalent d'urée $CO(AzH^2)^2$ exigeait trois équivalents d'hypobromite $3BrONa$. Nous le proposons comme un nouveau procédé de dosage de l'urée.

La marche à suivre est simple et rigoureuse ; on laisse tomber l'hypobromite de soude dans une solution d'urée, jusqu'à ce qu'il n'y ait plus de dégagement gazeux, puis on ajoute un léger excès d'hypodromite ; on est averti par la couleur jaune du réactif ; on verse un léger excès d'une quantité connue d'arsénite de soude titré, excès dénoté par la décoloration de la liqueur ; on vérifie cet excès en ajoutant une ou deux gouttes de sulfate d'indigo, qui reste jaune dans ce dernier cas ; on laisse tomber de nouveau de l'hypobromite jusqu'à décoloration de l'indigo. Si, de la quantité totale d'hypobromite employée on retranche l'arsénite versé en excès et exprimé en hypobromite (ce que l'on sait d'après un titrage préalable), on a la quantité d'hypobromite de soude qui a réagi sur l'urée.

Nous démontrerons la rigueur de ce procédé dans la seconde partie de notre Mémoire.

Après des recherches multipliées, nous arrivons à cette conclusion, que les proportions relatives de brome et de soude devant être employées ne sont pas arbitraires. Si l'on fait une solution avec :

Lessive des savonniers, densité 1,33..   100 centimètres cubes.

Brome..............   3   —   —

on a une solution qui donne exactement le chiffre théorique
3BrONa dans le dosage par liqueurs titrées.

Nous avons donc à notre disposition deux procédés pour
évaluer la quantité d'urée; dans le premier, nous dosons
l'urée par les gaz dégagés; dans le second, nous dosons par
la liqueur d'hypobromite titrée. Ce sont ces deux procédés de
dosages que nous allons étudier successivement.

Mais, avant d'entreprendre cette étude, il est indispensable
de dire deux mots de l'urée qui a servi pour la détermination
du chiffre théorique. L'urée sur laquelle nous avons opéré
a été titrée pour reconnaître son degré plus ou moins grand
de pureté.

Pour cela, nous nous sommes servi de la méthode de Will
et Warrentrapp : nous avons pris 0,50 centigrammes d'urée.

L'ammoniaque dégagée, reçue dans une solution d'acide
sulfurique à l'équivalent, a neutralisé :

$$1^{re}\text{ expérience} \dots\dots\dots\dots\dots\dots\dots\dots 16^{cc},5$$
$$2^{e}\text{ expérience} \dots\dots\dots\dots\dots\dots\dots\dots 15^{cc},8$$
$$\text{Moyenne} \dots\dots\dots\dots\dots 16^{cc},2$$

On a donc :

$$\frac{1000}{17} = \frac{16.2}{x}.$$

d'où

$$x = 0^{gr},275 \text{ d'amoniaque.}$$

Or, la quantité théorique dégagée par $0^{gr},50$ centigrammes
d'urée pure et sèche est de $0^{gr},283$.

L'urée sur laquelle nous avons opéré renferme 97,1 p. 100
d'urée pure et sèche.

Il est indispensable, pour que les dosages de l'urée soient exacts, que toutes les conditions ci-dessus mentionnées soient rigoureusement remplies ; sinon les résultats varieront. Il faut se placer dans les mêmes conditions que nous, si l'on veut obtenir les mêmes nombres. C'est pour n'avoir pas tenu compte de ces observations que C. Arnold[1] est arrivé à des conclusions que nous ne pouvons accepter : on ne comprend pas, par exemple, qu'avec des solutions plus riches en urée, le rendement d'azote diminue de plus en plus. Depuis le travail d'Arnold, nous avons vérifié nos chiffres et nous en maintenons l'exactitude absolue.

1. *Repertorium der analytischen Chemie*, les méthodes Quinquaud, 2ᵉ année, nº 1, 1882.

PREMIÈRE PARTIE

DOSAGE DE L'URÉE (LA MÉTHODE DE KNOP MODIFIÉE
PAR. E. QUINQUAUD)

A. — NOUVEL URÉOMÈTRE

Cette méthode, modifiée, a été préconisée en Allemagne par Hufner [1] : l'appareil consiste en un tube de verre d'une capacité de 100 centimètres cubes fermé par un bout et divisé en deux parties par un robinet; la partie inférieure est d'une capacité de 11 à 12 centimètres cubes; l'extrémité ouverte est mastiquée au centre d'une soucoupe de verre, qui sert de cuve à eau et dans laquelle on renverse une éprouvette graduée.

Pour faire le dosage, on introduit le liquide que contient l'urée dans la partie inférieure du tube, on ferme le robinet, et on remplit d'hypobromite la partie supérieure du tube, puis on verse dans la soucoupe une solution de sel marin; une éprouvette graduée remplie d'eau est renversée au-dessus du tube. On ouvre le robinet et l'hypobromite se mélange à la solution d'urée, l'azote dégagé se rassemble dans l'éprouvette. On termine la réaction en chauffant légèrement le tube.

M. Yvon, l'un des premiers, a rendu pratique ce procédé: son appareil se compose d'un tube de verre long de 40 centi-

1. *Journal für praktische Chemie*, 1871, t. III, p. 2.

mètres, portant vers son quart supérieur un robinet ; la graduation, qui s'étend au-dessus et au-dessous du robinet, est
faite en centimètres cubes et en dixièmes de centimètres
cubes ; cet instrument est plongé dans une longue éprouvette,
contenant du mercure et évasée à sa partie supérieure.

Le robinet ouvert, l'instrument se remplit. On ferme le
robinet et on soulève le tube, on le laisse flotter sur le mercure,
où on le maintient à l'aide d'un support à collier fixé à
l'éprouvette ; c'est un baromètre tronqué dans la chambre
duquel on pourra introduire divers liquides sans pénétration
d'air.

M. Yvon préconise la solution suivante d'hypobromite :

Brome......................................	5 centimètres cubes.
Lessive des savonniers à densité 1.33..	50 grammes.
Eau distillée..................................	100 —

et, pour titres, la solution suivante d'urée :

Urée pure et desséchée.................	1 gramme.
Eau distillée............................	500 centimètres cubes.

Le manuel opératoire consiste à ouvrir le robinet, à laisser pénétrer 5 centimètres cubes de la solution d'urée, de
laver le tube, mesurer un peu de lessive de soude étendue
d'eau, de réunir ce liquide au premier en ouvrant le robinet.

On fait arriver ensuite 5 à 6 centimètres de la solution
d'hypobromite de soude par la même manœuvre que l'urée ;
la réaction se fait aussitôt.

Pour agiter, le tube est retiré du mercure après avoir
bouché l'extrémité avec le doigt. On le remet dans la cuvette
jusqu'à ce que tout le gaz soit rassemblé dans la chambre ; il
doit y avoir un excès d'hypobromite, on le reconnaît au liquide

qui reste coloré en jaune, on porte ensuite le tube dans une éprouvette pleine d'eau, l'hypobromite s'écoule, on égalise les niveaux et on fait la lecture.

On obtient, par exemple, 40 divisions qui représentent 1 centigramme d'urée. Si un centimètre cube d'urine contient 88... x, d'où $x = \frac{88}{40} = 2^{cgr},2$, d'où 22 grammes par litre.

M. Yvon a, dans ces derniers temps, fait construire un uréomètre à eau : il se compose d'un tube à robinet à deux boules, dont l'une sert de chambre de réaction : il faut veiller à ce que la boule supérieure ne renferme pas d'eau. M. Méhu, M. Magnier de la Source ont encore ingénieusement modifié l'uréomètre; nous ne pouvons insister sur ces différentes formes.

L'appareil d'Esbach offre un avantage précieux, il permet d'agiter convenablement la solution d'hypobromite et d'urée, mais il a ce désavantage de fournir toujours une perte d'azote; cette perte est facile à interpréter; sous l'influence de la pression, qui se produit dans cet appareil, on comprend bien que la réaction soit incomplète. De plus, il est parfois nécessaire de laisser plusieurs heures en contact l'hypobromite et l'urée pour s'assurer que la réaction est achevée; or, ce tube que l'on ferme avec le pouce ne permet pas facilement de prolonger l'observation plus d'un quart d'heure; la réaction n'est pas complète par suite de l'excès de pression, de plus on perd de l'urée avec le liquide qui s'écoule au moment où l'on ôte le pouce dans la cuve à eau.

Appareils. — Ce sont tous ces inconvénients qui nous ont porté à proposer un nouvel uréomètre. L'ensemble du matériel comprend :

1° Un tube cylindrique, jaugé, à robinet; 2° deux pipettes

divisées; 3° un petit entonnoir; 4° 20 centimètres cubes de mercure; 5° lessive de soude à 1,33 et du brome.

Le tube uréométrique, fermé à une extrémité, ouvert à l'autre, est long de 36 centimètres, sa largeur est de 11 millimètres, sa lumière est environ de 9 millimètres; il est divisé en deux parties par le robinet R, la partie située au-dessous a 32 centimètres, le robinet a environ 13 millimètres de hauteur sur une largeur de 3 centimètres. La seconde portion, qui est située au-dessous du robinet, est renflée en Hg de manière à contenir environ 10 centimètres cubes de liquide et à mesurer 18 millimètres de diamètre sur une hauteur de 41 millimètres. L'extrémité qui avoisine le robinet est également renflée et mesure 23 millimètres de longueur. Le canal qui fait communiquer l'extrémité a de l'uréomètre avec la partie b, a 5 millimètres 1/2 de diamètre; le canal du robinet lui-même ne mesure que 3 millimètres.

En second lieu, la pipette mesure 13 centimètres en longueur et 4^{cm} 1/2 en largeur : elle est divisée en dixièmes de centimètre cube, et en contient deux : elle peut être beaucoup plus simple et présenter deux traits indiquant 1 et 2 centimètres cubes. Celle-ci sert à introduire dans l'uréomètre la solution d'urée; la seconde est destinée à prendre le brome qui doit entrer dans la solution d'hypobromite.

MANUEL OPÉRATOIRE

Premier temps. — On introduit, à l'aide d'un petit entonnoir, une quantité de mercure sensiblement égale au volume de gaz, qui sera dégagé; par le même entonnoir on

verse la solution d'hypobromite; en dernier lieu, on ajoute
1 ou 2 centimètres cubes d'eau distillée qui, en raison de la
différence de densité, reste au-dessus de la colonne d'hypobromite; on peut alors ajouter, à l'aide de la pipette graduée,
d'un diamètre suffisamment faible, 1 ou 2 centimètres cubes
de la solution d'urée ou d'urine, sans que le mélange avec
l'hypobromite s'effectue, grâce à la couche d'eau; on ferme
alors le robinet R, présentant un canal dont le calibre très
faible a été préalablement évalué.

On a déjà fait une première lecture du niveau d'affleurement
de l'hypobromite et de l'eau ; on ajoute à cette première lecture
1 ou 2 centimètres cubes d'urine ou de solution d'urée, que
l'on fait pénétrer dans l'instrument à l'aide de la pipette. Il
faut éviter de verser le liquide dans la portion a du tube, car
l'écoulement se ferait avec la plus grande difficulté; de plus,
il faut ensuite laver cette portion du tube, sinon il y aurait des
pertes.

Le robinet étant fermé, on ajoute de l'eau, de manière à
remplir le réservoir a, on ferme l'extrémité e avec le pouce;
voilà le premier temps de l'opération.

Dans le *deuxième temps*, on retourne le tube de manière
que l'extrémité e plonge dans la cuve à eau, qui peut être un
simple verre à pied; on ôte le pouce, on tourne légèrement
le robinet R, de manière à ce que le mercure, sous l'influence
de la pression engendrée par l'azote dégagé, s'écoule rapidement dans l'eau de la cuve; lorsque tout le mercure
est sorti, on ferme de nouveau le robinet. La quantité de
mercure introduite dans l'appareil peut être inférieure au
volume du gaz dans ce cas il reste dans le tube une légère
pression supérieure à la pression atmosphérique; mais c'est

insignifiant au point de vue du dosage, ou bien la quantité de mercure est supérieure au volume du gaz qui se dégagera,

1er Temps.

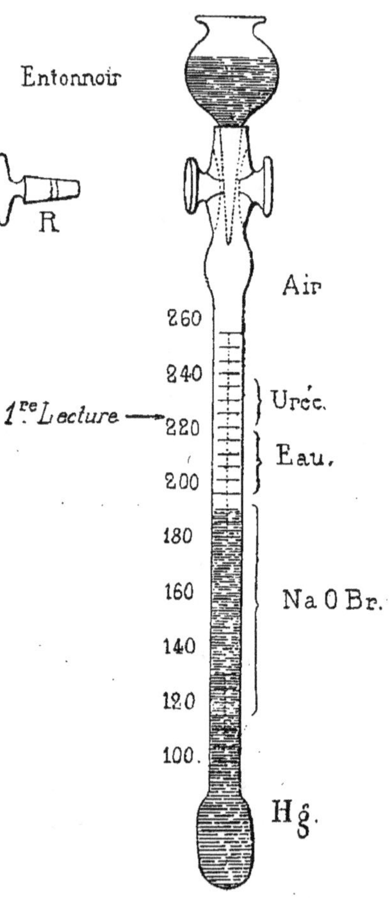

Fig. 3.

alors l'excès de mercure s'écoulant est remplacé par un peu d'eau de la cuve.

Après s'être débarrassé de tout le mercure, on peut alors

agiter convenablement, laisser en contact le temps que l'on juge nécessaire. Dans ces conditions, il ne s'écoule jamais de

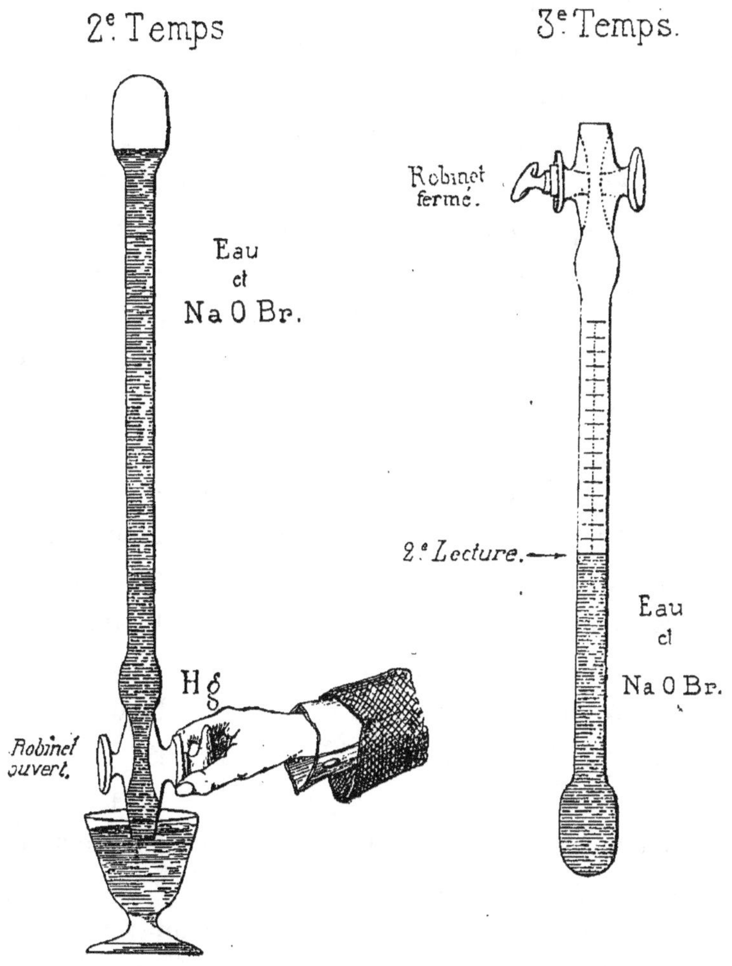

Fig. 4.

liquide pouvant entraîner de l'urée, non encore décomposée. Le tube est ensuite plongé dans une cuve à eau, qui peut être un seau en zinc rempli d'eau ; le gaz prend ainsi la température du bain, qui est appréciée à l'aide d'un thermomètre; on note en même temps la pression atmosphérique au baromètre lequel peut être très simple; on ouvre le robinet sous l'eau, le tube étant placé comme dans le deuxième temps de l'opération; on met la colonne de liquide de l'instrument au même niveau que l'eau de la cuve, on ferme le robinet.

Troisième temps. — Le tube est alors retourné dans la position du premier temps, et, comme dans l'appareil d'Esbach, on fait la seconde lecture quand tout le liquide qui mouille les parois du tube donne un niveau constant. La différence des deux lectures indique la quantité de gaz dégagé à la température du bain.

Nous voilà munis d'un appareil aussi parfait que possible (voir page 52 et suivantes); mais nous devons nous demander si le contact du mercure avec l'hypobromite, contact qui d'ailleurs ne dure que quelques instants ne peut amener aucune cause d'erreur. A cet effet, nous avons introduit dans une éprouvette : 1° une colonne de mercure; 2° une certaine quantité d'hypobromite dont nous allons donner la formule, le tout remplissant l'éprouvette, qui bouchée avec le pouce, a été retournée sur une cuve à mercure; le tout a été laissé en contact pendant vingt-quatre heures; après ce laps de temps, il n'y avait pas trace de bulle gazeuse.

Nous avons été plus loin, comme le démontre l'essai suivant, qui peut être considéré comme une expérience à blanc; on introduit dans l'appareil gradué un dixième de centimètre cube :

$$Hg\ environ\dots\dots\dots\dots\dots\dots\dots\dots\dots\dots\dots\ 10^{cc}0$$
$$Hypobromite\ de\ soude\ Q.\ S.\ jusqu'à\ la\ division\dots\dots\ 22^{cc}2$$

On ferme, puis on agite vigoureusement pendant un quart

d'heure, on plonge l'appareil dans la cuve à eau; le mercure et l'hypobromite étant finalement remplacés par l'eau, la seconde lecture donne $22^{cc},1$.

Il y a donc eu 1/10 de centimètre cube de différence entre les deux lectures, ce qui pourrait être mis sur le compte de la température de la cuve qui a varié de 1/2 degré entre les deux observations, la pression étant du reste restée la même.

On peut donc conclure que le simple contact pendant quelques minutes du mercure et de l'hypobromite n'introduit aucune cause d'erreur, en opérant comme nous l'avons indiqué (retournement rapide du tube uréométrique).

Nous pouvons, maintenant, étudier une autre question importante du problème que nous nous sommes proposé de résoudre, celle qui est relative aux conditions diverses qui influent sur le volume de gaz dégagé dans la réaction de l'hypobromite sur l'urée; ces conditions sont multiples et portent sur la pression intérieure, sur la proportion de brome, sur la concentration, etc.

A. — DÉGAGEMENT DE L'AZOTE PAR UNE SOLUTION D'HYPOBROMITE
DÉTERMINÉE

Prenons d'abord, la solution suivante :

Eau distillée......................	100	centim. cubes.
Solution récente. Lessive des savonniers densité 1.33	20	—
Brome.......................	1	—

Dans ces expériences, comme dans celles qui suivront, on n'a pas introduit la correction du canal du bouchon; on s'est débarrassé de cette correction en graissant préalablement le bouchon et introduisant une goutte d'eau, qui se maintient par la capillarité et oblitère parfaitement le canal.

1re EXPÉRIENCE, DU 25 OCTOBRE 1880

1re lecture (Hg = 100).

Hypobromite, eau....	262.75
Solution urée	10.00
	272.75
2e lecture..........	163.00
	109.75 azote dégagé pour 0^{gr},03 d'urée.

Température du bain......................... 13 degrés.
Hauteur observée........................... 753^{mm},4
Température du baromètre................. .... 15°5

D'où 10^{cc},21 à 0 degré et à 760 millimètres [1].

D'où 3^{cc},40 pour 0^{gr},01 d'urée. La solution d'urée contient 1 gr. 5 pour 50 cent. cubes d'eau, d'où un centimètre cube de solution = 0 gr. 03 d'urée.

2e EXPÉRIENCE

1re lecture (Hg = 100).

Hypobromite et eau....................................	253.0
Solution d'urée.......................................	10.0
	263.0
2e lecture.......................................	152.0
	111.0

Température du bain..................... 13 degrés.
Hauteur observée............................ 750^{mm},5
Température du baromètre................... 18 degrés.

D'où 10^{cc},26 à 0 degré et 760 millimètres.

D'où 3^{cc},42 pour 0^{gr},01 d'urée.

1. Nous renvoyons le lecteur aux tables placées à la fin du Mémoire, pour réduire les volumes observés.

3e EXPÉRIENCE, DU 28 DÉCEMBRE 1880

1re lecture (Hg = 80).

Hypobromite et eau	212.0
Solution d'urée	10.0
	222.0
2e lecture	148.0
	74.0

Température du bain	15 degrés.
Hauteur observée	752^{mm},9
Température du baromètre	16 degrés.

D'où 6^{cc},81 à 0 degré et à 760 millimètres.

D'où 3^{cc},41 pour 0^{gr},01 d'urée.

La solution d'urée contient 1 gramme pour 50 centimètres cubes; 1 centimètre cube de cette même solution renferme 0 gr. 02 d'urée.

4e EXPÉRIENCE

1re lecture (Hg = 80).

Hypobromite et eau	201.0
Solution d'urée	10.0
	211.0
2e lecture	137.0
	74.0

Température du bain	15°5
Hauteur observée	752^{mm}.5
Température du baromètre	16 degrés.

D'où 6^{cc},797 à 0 degré et à 760 millimètres.

D'où 3^{cc}, 40 pour 0^{gr},01 d'urée.

La moyenne des résultats précédents nous donne 3^{cc},41 d'azote dégagé pour 0. 01 centigramme d'urée avec la solution précédente, et pour des solutions d'urée qui varient de 30 à 40 grammes par litre.

Remarquons que ce chiffre de 3^{cc},41 est précisément celui qu'obtint Leconte [1] ; voici comment il opérait : 100 grammes de chlorure de chaux sont triturés avec de l'eau et épuisés sur un filtre ; à la liqueur, on ajoute 200 grammes de carbonate de soude cristallisé ; on filtre pour séparer le carbonate de chaux formé, on lave et l'on porte le volume à 2 litres ; on a ainsi une solution d'hypochlorite ; or, celui-ci oxyde rapidement l'urée qui est transformée en un mélange d'azote et d'acide carbonique ; ce dernier est absorbé par le réactif alcalin ; reste à recueillir sur l'eau l'azote qui va se rendre dans une cloche graduée. On porte à l'ébullition pendant quelques instants le liquide contenant l'urée. Théoriquement, 0^{gr},10 d'urée devraient donner 37 centimètres cubes d'azote ; or, Leconte a remarqué qu'on n'en obtient que 34 centimètres cubes (calculés à 0 degré et à 760 millimètres), c'est-à-dire 3^{cc},4 pour 0^{gr},01 centigramme d'urée. C'est le chiffre que nous obtenons avec notre dernière solution.

B. — VARIATIONS DU VOLUME D'AZOTE AVEC LA PRESSION INTERNE

Nous avons déjà vu qu'un des inconvénients du tube d'Esbach était la pression intérieure, qui devait s'opposer dans une certaine limite à la décomposition de l'urée.

Il est facile de vérifier le fait avec le tube même : on introduit dans le tube, avec l'hypobromite et l'eau, 1 centimètre cube d'une solution d'urée qui contient 3 grammes d'urée pour 100 centimètres cubes d'eau distillée.

1. *Thèse de la Faculté des sciences*, 1870.

1re lecture

Hypobromite et eau.................................. 151.0
Solution d'urée.................................... 10.0
161.0

On ferme l'orifice, on agite vigoureusement, tout en maintenant le tube fermé avec le pouce, on laisse en contact pendant un quart d'heure, puis l'on a :

2e lecture............................... 65.5

Ce qui donne................. 95.5

Température du bain...................... 12 degrés.
Hauteur observée......................... 771^{mm},5
Température du baromètre................. 17°5

D'où 3^{cc},13 à 0 degré et 760 millimètres.

D'où 3^{cc},04 pour 0^{gr},01, au lieu de 3.4, puisque la solution employée a été :

Eau distillée...................... 100 centimètres cubes.
Lessive de soude.................. 20   —
Brome............................. 1   —

A l'aide de notre nouvel uréomètre, nous pouvons vérifier le même fait. En supprimant le mercure, nous avons un appareil d'Esbach perfectionné, puisque nous pouvons laisser la solution d'hypobromite en contact avec l'urée pendant plusieurs heures, si nous le désirons.

Voici d'abord la solution dont nous nous sommes servi :

Eau.............................. 100 centimètres cubes.
Lessive des savonniers........... 20   —
Brome............................ 0^{cc},5

1re EXPÉRIENCE, DU 15 JANVIER 1881

En opérant comme dans notre méthode ordinaire, c'est-à-dire à la pression atmosphérique, nous avions :

1re lecture (Hg = 80).

Hypobromite et eau	250.0
Solution d'urée	10.0
	260.0
2e lecture	183.0
	77.0

Température du bain	14°5
Hauteur observée	753^{mm},2
Température du baromètre	11 degrés.

D'où 70^{cc},14 à 0 degré et à 760 millimètres.

D'où 3^{cc},50 pour 0^{gr},01 d'urée.

La solution d'urée renferme 2 grammes d'urée pour 100 centimètres cubes d'eau distillée.

2e EXPÉRIENCE

En opérant sous pression on a :

1re lecture

Hypobromite et eau	199.0
Solution d'urée	10.0
	209.0

On laisse en contact pendant une heure, et l'on a :

2e lecture	135.0
	74.0

La pression et la température du bain sont restées les mêmes.

Il résulte donc que, sous l'influence de la pression on a eu $7^{cc},40$ d'azote au lieu de $7^{cc},70$, bien que nous ayons opéré dans les meilleures conditions possibles pour obtenir le dégagement gazeux.

D. — VARIATIONS DU VOLUME D'AZOTE AVEC LA PROPORTION DE BROME

La moyenne de quatre expériences concordantes nous a donné, pour 0, 01 centigramme d'urée, $3^{cc},41$ d'azote dégagé par l'action de l'hypobromite de soude, dont nous avons indiqué la formule précédemment.

Si, toutes choses égales d'ailleurs, nous faisons varier la proportion de brome dans une solution, qui contiendra toujours les mêmes quantités d'eau distillée et de lessive des savonniers, nous aurons d'abord :

Eau distillée......................	100 centimètres cubes.
Lessive des savonniers................	20 —
Brome...........................	2 —

Cet hypobromite doit servir à décomposer 1 centimètre cube de solution d'urée à 3 grammes pour 100 centimètres cubes d'eau distillée.

1re EXPÉRIENCE

1re lecture (Hg = 100).

Hypobromite et eau.................................	258.5
Solution d'urée....................................	10.0
	268.5
2e lecture..	164.0
	104.5
Température du bain............................	13 degrés.
Hauteur observée..............................	$753^{mm},4$
Température du baromètre........	15°5

D'où 9^{cc},67 à 0 degré et à 760 millimètres.

D'où 3^{cc},22 pour 0^{gr},01 d'urée.

Si, au contraire, on se sert de la solution suivante :

Eau distillée......................	100 centimètres cubes.
Lessive des savonniers.............	20 —
Brome.	9^{cc},7

on aura pour 1 centimètre cube de solution d'urée à 2 grammes pour 100 centimètres cubes d'eau distillée :

EXPÉRIENCE DU 15 JANVIER 1881

1re lecture (Hg = 80).

Hypobromite et eau.................................	248.0
Solution d'urée....................................	10.0
	258.0
2e lecture..	182.0
	76.0
Température du bain........................	15 degrés.
Hauteur observée...........................	752^{mm},3
Température du baromètre...................	15°,5

D'où 6^{cc},99 à 0 degré et à 760 millimètres.

D'où 3^{cc},49 pour 1 centigramme d'urée.

Si l'on a adopté la solution :

Eau distillée......................	100 centimètres cubes.
Lessive des savonniers..............	20 —
Brome............................	0^{cc},6

on aura pour 1 centimètre cube d'une solution d'urée à 2 grammes pour 100 centimètres cubes d'eau distillée :

EXPÉRIENCE DU 16 JANVIER 1881

1re lecture (Hg = 80).

Hypobromite et eau........................	247.0
Solution d'urée........................	10.0
	257.0
2e lecture........................	181.0
	76.0

Température du bain........................	12 degrés
Hauteur observée........................	$755^{mm},7$
Température du baromètre........................	$14°,5$

D'où $7^{cc},12$ à 0 degré et à 760 millimètres.

D'où $3^{c},56$ pour 1 centigramme d'urée.

Enfin, prenons une solution différente, en diminuant toujours la quantité de brome :

Eau distillée...................	100 centimètres cubes.
Lessive des savonniers................	20 —
Brome...................	$0^{cc},4$

on aura avec 1 centimètre cube d'une solution d'urée à 2 grammes pour 100 centimètres cubes d'eau distillée :

EXPÉRIENCE DU 13 JANVIER 1881

1re lecture (Hg = 80).

Hypobromite et eau........................	247.25
Solution d'urée........................	10
	257.25
2e lecture........................	187.00
	70.25

Température du bain........................	17 degrés.
Hauteur observée........................	747 millimètres.
Température du baromètre........................	$14°,5$

D'où 6^{cc},36 à 0 degré et à 760 millimètres.

D'où 3^{cc},18 pour 1 centigrammes d'urée.

Si nous réunissons tous ces résultats, nous aurons le tableau suivant :

Solution.			Azote dégagé 1 centigramme d'urée.
Eau. 100 centimètres cubes.	2^{cc},	de brome	3^{cc},22 (*a*)
Lessive des savonniers à 1.33.20^{cc} + 1^{cc}		—	3^{cc},41 (*b*)
	0^{cc},7	—	3^{cc},49 (*c*)
	0^{cc},6	—	3^{cc},56 (*d*)
	0^{cc},5	—.	3^{cc},50 (*e*)
	0^{cc},4	—	3^{cc},18 (*f*)

(Moyenne de 4 expériences concordantes en *b*).

Ainsi, en employant une solution de soude, offrant une concentration représentée par la densité 1009 à + 18 degrés, on obtient, en faisant varier les proportions de brome, des volumes d'azote qui varient eux-mêmes dans de certaines limites ; on obtient ainsi pour 1 centigramme d'urée des volumes d'azote qui acquièrent un maximum pour ne plus le dépasser.

Nous verrons plus loin combien ce fait est important au point de vue du procédé de dosage de l'urée par l'hypobromite, combien il sera utile d'opérer toujours dans des conditions identiques.

D'après les expériences qui précèdent, il est facile de comprendre pourquoi les divers observateurs ne sont jamais arrivés au même résultat, chacun ayant modifié à son gré la solution d'hypobromite.

On s'explique pourquoi M. Yvon [1], dans une note sur un

____

1. *Journal de pharmacie et de chimie*, 1879.

nouvel appareil pour le dosage de l'urée, a été amené à dire : « Il (ce moyen) n'est exact qu'à la condition de tenir compte de ce fait que l'hypobromite de soude ne dégage pas tout l'azote de l'urée, mais les 93 centièmes environ, contrairement à ce que j'avais cru d'abord. »

Nous ne pensons pas que M. Yvon se soit trompé dans ses premières recherches; il est inadmissible qu'avec son habileté bien connue, il ait commis une erreur de 7 p. 100; il avait probablement opéré avec des solutions qui lui donnaient 98 p. 100, partant plus ou moins analogues à celles qui ont servi à Foster.

Un même observateur peut obtenir des chiffres différents, s'il opère avec des solutions dans lesquelles il fait varier la quantité de brome à ajouter, la soude et l'eau restant les mêmes. Ainsi, l'*Agenda du chimiste pour l'année* 1881, page 140, nous donne, pour la liqueur de M. Yvon :

Lessive de soude......................	30
Eau distillée...........................	125
Brome.................................	5 à 7 grammes.

Ces variations dans la quantité de brome font varier le volume d'azote : de là des divergences; en effet, si le rapport de la soude en excès à l'hypobromite fourni par les 5 grammes de brome donne $3^{cc},41$, nous sommes absolument certains, d'après ce que nous venons de voir, que les 7 grammes de brome fourniront un nombre moindre. En tout cas, il est facile de voir que cette formule n'a jamais pu donner le chiffre théorique $3^{cc},7$ d'azote pour 1 centigramme d'urée (comme le suppose l'*Agenda du chimiste*, table 153, p. 140).

Lorsqu'on fait les calculs à l'aide de ces chiffres, on commet en moins une erreur de 7 pour 100 sur l'évaluation par litre de l'urée, que l'on déduit de l'azote recueilli.

M. Yvon, dans son dernier travail, déjà cité, donne la solution suivante :

Eau distillée...... 100 grammes qui correspondent à 100 centimètres cubes.
Lessive de soude.. 30 à 50 grammes — à 20 à 35 —
Brome........... 5 grammes — à 1^{cc},6 —

Avec celle-ci, le même chimiste admet 93 pour 100 de l'azote total dégagé ; il est **facile** de vérifier que les rapports du brome à la soude et la concentration répondent à l'une des solutions que nous avons citées plus haut et pour lesquelles les volumes d'azote dégagé varient de 3^{cc},42 à 3^{cc},50 pour 1 centigramme d'urée soumise à l'action du réactif.

Dans les dosages d'urée qui ont été faits par ce procédé, si les solutions n'ayant pas été toujours les mêmes, les résultats ne sont plus comparables : de là des erreurs qu'il sera désormais facile d'éviter.

Les résultats que nous venons d'indiquer vont nous permettre de critiquer et d'interpréter l'opinion d'un chimiste très consciencieux et fort habile, M. Méhu : « L'addition du sucre de canne à une urine en vue d'obtenir par l'hypobromite tout l'azote de son urée, produit une élévation de température et une dilatation des gaz d'autant plus marquées que la quantité de sucre est plus considérable ; il est de toute nécessité, pour obtenir tout l'azote, de faire agir l'hypobromite sur le mélange bien homogène de l'urée ou de l'urine avec la solution sucrée employée en suffisante quantité[1]. »

____

1. *L'urine normale et pathologique*, par le docteur C. Méhu, p. 140.

Mais l'addition du sucre, d'après nos expériences, diminue la force de l'hypobromite, car une quantité déterminée de cet oxydant, qui nous donnait 34^{cc} d'azote, en donnait un volume considérablement moindre après l'addition du sucre de canne. On s'explique ainsi pourquoi l'hypobromite se décolore sous l'influence du sucre de canne; aussi M. Méhu ajoute avec raison : « L'emploi du sucre réclame en même temps une proportion plus considérable d'hypobromite[1]. »

Il est maintenant facile de nous expliquer pourquoi M. Méhu obtient : 1° moins d'azote; 2° plus d'azote après addition de sucre, mais en usant suffisamment de ce nouvel hypobromite.

SOLUTION DE M. MÉHU

Eau...............................	100 centimètres cubes.	
Lessive des savonniers.............	100	—
Brome	10	—

On voit que le rapport du brome à la soude, rapport donné par M. Méhu, est précisément celui de notre solution (*a*). En tenant compte de la concentration, il devrait obtenir $3^{cc},22$ pour 1 centigramme d'urée.

En ajoutant du sucre de canne, on diminue la force de l'hypobromite; c'est comme si l'on diminuait le rapport du brome à la soude; autrement dit, on tombe soit sur notre solution (*b*) soit sur nos solutions (*c*) et (*d*); donc le dégagement gazeux doit être plus considérable.

Si l'on a ajouté trop de sucre, on peut alors tomber sur la solution (*f*) qui ne dégage plus que $3^{cc},18$ d'azote par centi-

1. Méhu, . 141.

gramme d'urée. On voit ainsi quelle peut être l'influence de l'addition de sucre.

Nous rejetons la solution d'hypobromite de soude de M. Méhu, parce qu'il y entre deux fois trop de brome et que, pure, elle donnerait pour son état de concentration le minimum d'azote; nous ne doserons pas l'urée par son procédé, qui consiste à ajouter du sucre à l'urine, parce que le pouvoir décomposant de l'hypobromite varie avec la quantité de sucre ajouté, et que le rapport de la quantité de sucre additionné et du pouvoir décomposant de l'hypobromite n'a pas été fixé ; que ce rapport est d'autant plus important à connaître dans le cas des urines diabétiques, que le titre de l'hypobromite, oxydant énergique, diminue rapidement avec de petites quantités de glucose, réducteur énergique. Nous avons vérifié qu'en ajoutant une petite quantité de glucose à de l'hypobromite de soude, le titre de celui-ci, déterminé par l'arsénite de soude, était tombé de moitié au bout d'une heure et n'avait plus aucune valeur après deux heures.

D. — VARIATIONS DE L'AZOTE DÉGAGÉ AVEC LA CONCENTRATION

Si l'on opère avec la solution suivante :

Lessive des savonniers............	100 centimètres cubes.
Brome........................,	5 —

on aura pour 1 centimètre cube de solution d'urée à 4 grammes pour 100 centimètres cubes d'eau distillée.

EXPÉRIENCE

1re lecture (Hg = 160).

Hypobromite, soude et eau........................ .   285.5
Solution d'urée................... ....   10.0

295.5
141.5

154.0

Température du bain........... . ...   14 degrés.
Hauteur observée................. .. ..   752^{mm},3
Température du baromètre...................   16°55

D'où 14^{cc},23 à 0 degré et 760 millimètres.

D'où 3^{cc},56 pour 1 centigramme d'urée.

Si l'on rapporte ce résultat à celui obtenu précédemment en opérant sur de l'hypobromite renfermant 1 centimètre cube de brome pour 20 centimètres cubes de lessive des savonniers, on a :

1re solution.

Eau............ ....   500^{cc}.)
Lessive de soude.   100^{cc}. } Azote dégagé.   3^{cc},41   92.1 pour 100.
Brome........ .....   5^{cc}.)

2e solution.

Lessive de soude.   100^{cc}.)
Brome ....   5^{cc}. } Azote dégagé.   3^{cc},56   96.2 pour 100 titré.

Il ressort bien nettement de ces expériences que la concentration a eu pour effet d'augmenter la quantité d'azote dégagé.

Il y avait lieu de penser qu'en augmentant la concentration d'une solution qui donnait le maximum d'azote, on se rapprocherait de la solution qui devait donner le chiffre théorique.

Nous avons vu précédemment qu'avec une solution de soude, ayant 1009 de densité et pour rapport du brome à la soude $0^{cc},6 : 20$ centimètres cubes; c'est-à-dire avec le liquide suivant :

Eau	100 centimètres cubes.	
Lessive de soude	20	—
Brome	0,6	—

on avait, azote dégagé, $3^{cc},56$.

Si donc on augmente la concentration en supprimant l'eau, sans modifier le rapport du brome à la soude $0^{cc},6 : 20$ centimètres cubes, il est problable, d'après les résultats que nous venons d'obtenir, que le volume d'azote dégagé se rapprochera encore du chiffre théorique.

Or, l'expérience justifie ce mode d'interprétation de la manière la plus complète.

Si l'on fait une solution avec :

Lessive de soude	100 centimètres cubes.	
Brome	3	—

et que l'on fasse dans le grand tube la réaction avec 2 centimètres cubes de solution d'urée à 2 grammes pour 100 centimètres cubes d'eau distillée, on aura les résultats suivants :

EXPÉRIENCE DU 1ᵉʳ MAI 1881

1ʳᵉ lecture (Hg = 150).

Hypobromite et eau, 20	243.0
Solution d'urée	20.0
	263.0
2ᵉ lecture après une heure	102.0
	161.0
Correction du canal du robinet	0.8
	160.2

Température du bain...................... .   15 degrés.
Hauteur observée.......................... ....   752^{mm}4
Température du baromètre...................   17 degrés.

Ce qui donne 14^{cc},8 pour 0^{gr},04 d'urée.

EXPÉRIENCE DE VÉRIFICATION, LE 2 MAI 1881

On a opéré dans le petit tube uréométrique avec 1 centimètre cube d'urée à 2 grammes pour 100 centimètres cubes
d'eau distillée ; la solution d'hypobromite de soude est la précédente récemment faite :

1re lecture (Hg = 80).

Hypobromite et eau, 10............................   135.0
Solution d'urée...................................   10.0
                                                   ───────
                                                    145.0
2e lecture après une heure.......................   65.0
                                                   ───────
                                                     80.0

Température du bain........................   15 degrés.
Hauteur observée..........................   748^{mm},2
Température du baromètre..................   15°5.

Ce qui donne 7^{cc},42 pour 0 degré et à 760 millimètres.
Le chiffre théorique est 7,40.
On a donc :

1re observation, pour 0^{gr},04 d'urée, 14^{cc},74 d'azote, d'où 3^{cc},685 pour 1 centigr. d'urée.
2e —   pour 0^{gr},02   —   7^{cc},42   —   3^{cc},710   —
                                                                ───────
Moyenne de deux observations concordantes.....   3^{cc},698

De déductions en déductions, nous sommes arrivé à obtenir
le chiffre théorique et à démontrer du même coup quelles
sont les conditions dans lesquelles il faut se placer pour que
le résultat soit constant. Foster avait annoncé avoir obtenu

98 p. 100 de l'azote total; pour lui, la concentration jouait seule un certain rôle, il n'avait pas précisé davantage; il ne donne d'ailleurs dans son Mémoire aucun détail des observations.

Nous avons surabondamment démontré qu'il fallait réunir deux conditions : 1° un certain rapport entre les proportions de brome et de soude; 2° une concentration suffisante.

On peut se rendre compte de l'influence de ces causes dans le tableau suivant, qui indique aussi les phases par lesquelles nous avons passé :

1re PHASE

1re solution.

Eau................	500 centimètres cubes.		azote dégagé.
Lessive de soude....	100	—	—
Brome.............	5	—	3.41

2e solution.

Eau................	300 centimètres cubes.		
Lessive de soude....	100	—	3.56
Brome.............	3	—	

2e PHASE

3e solution.

Lessive de soude....	100 centimètres cubes.		azote dégagé.
Brome.............	5	—	3.56

4e solution.

Lessive de soude....	100 centimètres cubes.		
Brome.............	3	—	3.698

Ces résultats seront vérifiés de la façon la plus nette dans la seconde partie de notre Mémoire. En effet, nous verrons, en titrant par l'arsénite de soude la quantité d'hypobromite nécessaire à la décomposition d'un centigramme d'urée, que la relation :

$$CO(AzH^2)^2 + 3Na,BrO = 3Na,Br + 2CO^2 + 2Az + 2H^2O.$$

admise à priori, ne se vérifie que pour une solution déterminée d'hypobromite; en général, surtout avec les solutions dont on se sert en Allemagne et en Angleterre, on n'obtient jamais les trois équivalents d'hypobromite qui doivent théoriquement servir à la décomposition d'un équivalent d'urée.

Au contraire, quand on se sert de la dernière solution, qui nous donne le chiffre théorique en azote, on titre alors seulement et exactement 3 équivalents d'hypobromite de soude, qui ont été employés à la décomposition d'un équivalent d'urée.

En résumé, étant donnée une solution d'hypobromite ayant une certaine concentration, nous avons montré comment variait le dégagement de l'azote avec les diverses proportions de brome et de soude.

Ayant ensuite pris un hypobromite qui, pour un certain rapport de brome et de soude, nous donnait le maximum d'azote dégagé, $3^{cc},56$ pour 1 centigramme d'urée, nous étions certain, en augmentant la concentration de ce premier hypobromite, de nous rapprocher encore davantage du chiffre théorique; la déduction a été vérifiée par l'observation. De plus, en titrant par l'arsénite de soude la quantité d'hypobromite employée, nous obtiendrons 3 équivalents d'hypobromite pour 1 équivalent d'urée, mais seulement avec la solution qui dégageait le chiffre théorique d'azote.

E. — INTERPRÉTATION DES RÉSULTATS PRÉCÉDENTS

On peut se demander comment nous sommes arrivé à prévoir qu'il était indispensable de déterminer exactement les proportions de brome dans les préparations des hypobromites.

Depuis Knop, qui le premier avait indiqué la réaction de l'hypobromite, tous les expérimentateurs avaient augmenté la proportion de brome, partant sans doute de cette idée absolument inexacte, à savoir que plus il y aurait de brome, plus la solution deviendrait apte à décomposer l'urée suivant la formule chimique.

Nous avons été amené à limiter la proportion de brome d'après d'anciennes recherches sur l'action du chlore sur l'urée.

Les ouvrages classiques indiquent qu'une solution aqueuse d'urée se décompose par le chlore gazeux en acide carbonique, azote et acide chlorhydrique, d'après l'équation suivante :

$$CO(AzH^2)^2 + H^2O + 3Cl^2 = CO^2 + 6HCl.$$

De plus, si l'on fait agir sur une solution d'urée le chlore en solution, autrement dit, si l'on opère en présence de l'eau, la décomposition est la suivante :

$$C^2H^4Az^2O + 2HO + 6Cl = 2CO^2 = 2Az + 6Cl^1.$$

On sait qu'en ajoutant de l'eau de chlore à une solution d'albumine, celle-ci fixe 6 à 12 p. 100 de chlore.

1. Yvon. *Manuel clinique de l'analyse des urines*, 1880, p. 48.

Partant de là, nous avons pensé qu'une réaction semblable se produirait avec l'urée.

Voici ce qui se passe : non seulement l'urée en solution fixe le chlore de l'eau de chlore sans se décomposer aucunement, mais l'affinité est considérable entre ces deux corps. Si l'on ajoute, en effet, une ou deux gouttes de sulfate d'indigo dans une solution d'urée, on versera 20 à 30 centimètres cubes d'eau de chlore avant d'atteindre la décoloration; tandis qu'en l'absence d'urée, quelques gouttes d'eau de chlore décolorent les deux gouttes de sulfate d'indigo.

En outre, on n'observe aucun dégagement gazeux.

Partant de là, nous avons tout d'abord invoqué cette affinité de l'eau de chlore à l'égard de l'urée pour donner un procédé de dosage de l'urée par une solution titrée d'eau de chlore.

Ce procédé est délicat, difficile à exécuter, et n'est point suffisamment rigoureux; il semble, en effet, que l'urée fixe des proportions variables de chlore se comportant comme les matières albuminoïdes, qui fixent tantôt 6, tantôt 12 p. 100 de chlore.

Voici quelques résultats.

Pour titrer l'eau de chlore en millièmes d'équivalent de chlore, on a commencé par préparer une solution d'acide arsénieux dans l'acide chlorhydrique, telle que 10 centimètres cubes de cette solution correspondent à 1/1000 d'équivalent de chlore.

L'équivalent de l'acide arsénieux étant 99, si l'on en fait une solution avec :

<pre>
Acide arsénique................   4gr,95
Acide chlorhydreux pur........   35 à 40 grammes
Eau distillée.................   Q. S. pour parfaire 1 litre.
</pre>

20 centimètres cubes de cette solution renferment 1/1000 équivalent d'acide arsénieux.

Et, par suite, 10 centimètres cubes seront transformés par 1/1000 équivalent de chlore.

L'équivalent de l'urée étant 60, si l'on fait une solution à 3 grammes pour 100 centimètres cubes d'eau distillée, il en résultera que 2 centimètres cubes de cette solution ne fermeront 6 centigrammes d'urée, soit 1/1000 équivalent.

Nous pouvons maintenant essayer de voir ce que donnera le titrage de l'urée par l'eau de chlore.

ESSAIS DE TITRAGE DE L'URÉE PAR L'EAU DE CHLORE

Pour faire ces essais, on commence par ajouter à une solution d'urée une ou deux gouttes de sulfate d'indigo, puis, à l'aide d'une burette graduée, on verse peu à peu l'eau de chlore jusqu'au début de la décoloration de l'indigo ; il faut remarquer que le chlore ne décolore pas l'indigo instantanément ; il est bon, lorsqu'on arrive à la limite, d'ajouter le chlore lentement et attendre quelques minutes pour que l'eau de chlore ait le temps de décolorer, si la fin de la réaction est arrivée.

On s'assure alors, en ajoutant une nouvelle goutte d'indigo, que l'urée n'absorbe plus de chlore.

Quand la quantité d'eau de chlore que l'on ajoute pour amener de nouveau la décoloration sera égale à celle que nécessite la même goutte dans la même quantité d'eau, on sera sûr de la fin de l'opération.

Mais la décoloration dans une liqueur étendue ne se faisant pas instantanément, ce mode de dosage n'est pas suffisamment précis; il permet cependant de reconnaître qu'un équivalent d'urée fixe sensiblement deux équivalents de chlore.

PREMIÈRE EXPÉRIENCE. — TITRAGE DE LA LIQUEUR ARSENICALE

16 centimètres cubes de liqueur arsenicale.

Une goutte d'indigo sont décolorés par $16^{cc},8$ d'eau de chlore.

1re expérience. — *Réaction de l'eau de chlore sur l'urée.* Pris 1 centimètre cube d'une solution d'urée qui contient $0^{gr},02 + 2$ gouttes d'indigo ; on ajoute de l'eau de chlore jusqu'à ce que le sulfate d'indigo vire à la teinte légèrement jaune. A ce moment, on trouve qu'on a introduit $12^{cc},8$ d'eau de chlore.

Le titrage des deux gouttes d'indigo dans la même quantité d'eau $= 0^{cc},7$.

Le titrage de deux gouttes d'indigo dans le liquide précédent $= 0^{cc},9$.

Donc, l'eau de chlore ajoutée aurait dû être $12^{cc},8 + 0,2 = 13$ centimètres cubes.

D'où, avec la correction $0^{cc},7$ pour les deux gouttes d'indigo, on aura $13^{cc},0 - 0,7 = 12^{cc},3$ d'eau de chlore absorbée pour $0^{gr},02$ d'urée.

Et, par suite, $36^{cc},9$ d'eau de chlore pour $0^{gr},06$ d'urée $= 1/1000$ d'équivalent.

Dans la liqueur arsenicale, une goutte d'indigo est décolorée par une goutte d'eau de chlore.

D'autre part, sachant que $16^{cc},8$ d'eau de chlore $= 1/1000$ d'équivalent de chlore, on a le rapport suivant :

$$\frac{\text{Chlore}}{\text{Urée}} = \frac{36,7}{16,8} = 2,20.$$

DEUXIÈME EXPÉRIENCE

On prend 2 centimètres cubes de solution d'urée qui contiennent $0^{gr},04$ d'urée, on y ajoute 2 gouttes de sulfate d'indigo.

On y verse peu à peu l'eau de chlore au même titre que dans la première expérience, on s'arrête à la décoloration, on note $24^{cc},6$.

On met de nouveau dans ce liquide 2 gouttes d'indigo qui nécessitent en eau de chlore $1^{cc},6$ pour qu'il se produise une nouvelle décoloration.

Comme la correction de 2 gouttes d'indigo est égale à $0^{cc},7$ de chlore, il en résulte que l'on était resté dans la première addition de chlore au-dessous de $1^{cc},6 - 0,7 = 0,9$.

On aurait donc dû ajouter :

$$24^{cc},6 \quad + \quad 0^{cc},9 \quad = \quad 25^{cc},5 \text{ d'eau de chlore.}$$
Correction de 2 gouttes d'indigo..... $0^{cc},7$ —

Donc on obtient en dernier lieu...... $24^{cc},8$ d'eau de chlore.

pour $0^{gr},04$ d'urée, c'est-à-dire $37^{cc},06$.

Donc, nous pouvons établir les rapports suivants.

$$\frac{COAz(H^2)^2}{Cl} = \frac{37,2}{16,8} = 2,21.$$

Il est facile de constater que, pour une eau de chlore d'un titre déterminé, et quelle que soit la proportion d'urée, le rapport de l'urée au chlore absorbé reste sensiblement le même ; il est égal à 2. 20, 2. 21.

Reste à déterminer un autre facteur du problème ; il s'agit de savoir si le rapport de l'urée au chlore varie lorsque l'eau de chlore change de titre.

TROISIÈME EXPÉRIENCE. — TITRAGE DE LA SOLUTION D'EAU DE CHLORE

On ajoute une goutte d'indigo à 10 centimètres cubes de liqueur arsenicale, on trouve que ces 10 centimètres cubes sont décolorés par $30^{cc},5$ d'eau de chlore ; le titre est donc bien différent de celle qui précède, le titre étant de 16,8.

Réaction de l'eau de chlore sur l'urée.

On prend 1 centimètre cube de solution d'urée, qui renferme $0^{gr},02$ d'urée ; on y ajoute 3 gouttes d'indigo.

L'eau de chlore versée est de........ $25^{cc},2$
La correction de l'indigo est......... $1^{cc},2$
On obtient donc .... $24^{cc},0$ d'eau de chlore,

pour $0^{gr},02$ d'urée.

D'où 72 centimètres cubes d'eau de chlore pour $0^{gr},06$ d'urée ;

donc :

$$\frac{CO(AzH^2)^2}{Cl.} = \frac{72^{cc},0}{30^{cc},5} = 2,36.$$

QUATRIÈME EXPÉRIENCE

On prend 10 centimètres cubes de liqueur arsenicale, à laquelle on ajoute une goutte d'indigo, puis de l'eau de chlore; en allant jusqu'à la décoloration, on arrive à $10^{cc},8$.

Réaction de l'eau de chlore sur l'urée.

Pris 1 centimètre cube de solution d'urée qui contient $0^{gr},02$ d'urée, plus 2 gouttes de sulfate d'indigo.

L'eau de chlore absorbée est de...... $7^{cc},9$
La correction de l'indigo est de....... $0^{cc},6$
Reste donc............ $7^{cc},3$ pour $0^{gr},02$ d'urée.

D'où $21^{cc},9$ pour $0^{gr},06$ d'urée, ce qui permet d'établir les rapports suivants :

$$\frac{Co(AzH^2)^2}{Cl.} = \frac{21^{cc},9}{10^{cc},8} = 2,02.$$

Si l'on résume ces résultats dans un tableau, on aura ce qui suit :

Titre de l'eau de chlore.	Rapport $CO(AzH^2)^2$: Cl.
10,8	2,02
16,8	2,20
30,5	2,36

On aurait donc un procédé de dosage de l'urée par liqueur titrée à l'aide de l'eau de chlore. Il suffirait de déterminer le rapport de l'urée au chlore pour une eau chlorée d'un titre déterminé; les résultats sont d'autant plus sensibles que l'eau de chlore est plus active.

Mais la préparation de l'eau de chlore, qui s'altère assez rapidement, est une opération un peu longue, ce qui rend le procédé de titrage peu pratique. Aussi l'avons-nous avantageusement remplacé par le dosage à l'hypobromite de soude en liqueur titrée.

SECONDE PARTIE

DOSAGE DE L'URÉE PAR LIQUEUR TITRÉE A L'HYPOBROMITE
DE SOUDE

Lorsque l'hypobromite de soude réagit sur l'urée, on admet que celle-ci se décompose en azote et en acide carbonique d'après la relation :

$$CO(AzH^2)^2 + 3NaBrO = 3NaBr + Co^2 + Az^2 + 2H^2O.$$

Dans cette hypothèse, 3 équivalents d'hypobromite sont nécessaires à la décomposition complète d'un équivalent d'urée.

Si l'on a une solution d'hypobromite titrée par l'acide arsénieux; si, de plus, on emploie un excès de cette solution, en titrant l'excès après la décomposition de l'urée, on aura l'hypobromite qui a réagi sur l'urée, et par suite cette dernière.

Dans la première partie de notre Mémoire, nous avons démontré qu'à l'aide d'une solution d'hypobromite faite d'une manière quelconque, on n'obtient pas en général le chiffre théorique d'azote. Par suite, il y avait lieu de penser que la quantité d'hypobromite employée effectivement serait aussi inférieure au chiffre théorique 3NaBrO, si l'on se servait des solutions d'hypobromite qui avaient donné des pertes d'azote.

D'après ce qui précède, il devenait indispensable d'étudier, dans cette seconde partie, deux points principaux.

Rechercher tout d'abord les proportions de brome et soude nécessaires à la vérification de la relation théorique.

Celle-ci trouvée, il faudra l'appliquer au dosage de l'urée. Voyons en premier lieu comment nous titrerons dans ce procédé l'excès d'hypobromite employé.

A. — DÉTERMINATION DE LA QUANTITÉ D'HYPOBROMITE EN EXCÈS

Dans les méthodes ordinaires chlorométriques, on titre les hypochlorites à l'aide d'une solution d'acide arsénieux en liqueur acide. Penot[1] avait déjà titré les hypochlorites avec des solutions d'arsénite de soude.

Dans sa méthode, il déterminait l'hypochlorite en excès en prenant une goutte du liquide et l'appliquant sur le papier amidonné et ioduré. Ce procédé est long et pas suffisamment exact.

Dans notre méthode, nous titrons les hypobromites à l'aide d'une solution alcaline d'arsénite de soude.

En ajoutant dans une telle solution une goutte de sulfate d'indigo, celui-ci prend une belle coloration jaune verdâtre. Quand on ajoute l'hypobromite, la couleur jaune diminue d'abord d'intensité, et lorsqu'on arrive au point limite, le jaune est instantanément décoloré.

On peut encore rendre la réaction plus sensible en ajoutant une nouvelle goutte d'indigo avant d'arriver à la fin de la réaction.

La sensibilité de la fin de l'opération est aussi nette que celle qui se produit sur le sulfate d'indigo en solution acide.

1. *Bulletin de la Société industrielle de Mulhouse*, 1862.

D'ailleurs, nous allons d'abord vérifier qu'on arrive exactement au même résultat en titrant l'hypobromite dans une solution acide ou dans une solution alcaline d'acide arsénieux.

On fait ces deux solutions dans les proportions suivantes :

Liqueur acide.

Acide arsénieux........................ $4^{gr},95$
Acide chlorhydrique.................... 35 à 40 grammes.
Eau distillée........................... Q.S. pour 1 litre.

Liqueur alcaline.

Acide arsénieux........................ $4^{gr},95$
Carbonate de soude sec................ $2^{gr},65$
Eau distillée........................... Q. S. pour 1 litre.

Il est facile de voir que ces deux solutions sont au demi 1/1000 à l'équivalent de l'acide arsénieux.

Si l'on titre une solution d'hypobromite faite avec :

Lessive des savonniers.............. 50 centimètres cubes.
Eau distillée...................... 100   —
Brome.............................. 5   —

1° 20 centimètres cubes de la liqueur arsenicale acide, colorés par une goutte d'indigo exigent :

$1^{cc},6$ d'hypobromite.

2° 10 centimètres cubes de la liqueur d'arsénite de soude colorés par une goutte d'indigo, et auxquels on ajoute quelques gouttes de lessive des savonniers, jusqu'à la teinte vert jaunâtre, ces 10 centimètres cubes exigent $0^{cc},8$ d'hypobromite.

On arrive exactement au même résultat pour le titrage de l'hypobromite en liqueur acide et en liqueur alcaline.

Or, le titrage de l'hypobromite en solution alcaline nous

était indispensable pour résoudre le problème suivant : déterminer la proportion d'hypobromite de soude qui aura servi à décomposer un poids connu d'urée.

La méthode vraiment rigoureuse est la suivante :

A un grand excès d'hypobromite de soude, à 50 centimètres cubes, par exemple, on ajoute peu à peu un poids déterminé d'urée.

Si les 50 centimètres cubes d'hypobromite de soude, évalués en arsénite de soude, qui a une valeur connue avant l'action de l'urée, valent moitié moins lorsqu'on s'en est servi pour décomposer la carbamide, on peut donc évaluer facilement ainsi la quantité d'hypobromite employé.

PREMIER EXEMPLE

On fait la solution suivante :

Eau.......................................	90 centimètres cubes.
Lessive de soude......................	25 —
Brome......	1.2

Dans 30 centimètres de cet hypobromite, on verse 2 centimètres cubes d'une solution d'urée qui contiennent $0^{gr},04$.

Lorsque la réaction est achevée, on étend d'eau de manière à faire 50 centimètres cubes de liquide.

Si, alors, on titre l'hypobromite avec une solution d'acide arsénieux au demi 1/1000 d'équivalent, on a :

10 centimètres cubes solution arsenicale exigent $2^{cc},6$ d'hypobromite.

d'où :

$115^{cc},08$ solution arsenicale exigent 30 centim. cubes du même hypobromite.

En second lieu, titrant l'hypobromite auquel on avait ajouté l'urée, on a :

10 centim. cubes de la solution arsenicale $=9^{cc},25$ d'hypobromite étendu à 50,

ce qui donne $5^{cc},55$ pour l'hypobromite non étendu d'eau et $54^{cc},06$ de solution arsenicale pour 30 centimètres cubes d'hypobromite.

On a ainsi les équations suivantes :

30 centimètres cubes hypobobromite avec urée $=$ $54^{cc},05$ de solution arsenicale
30   —   —   sans urée $= 115^{cc},38$

Il résulte donc que l'urée ajoutée a détruit une certaine quantité d'hypobromite qui peut être évaluée en solution arsenicale; on aura ainsi :

$115^{cc},38 - 54^{cc},05 = 61^{cc},33$ de solution arsenicale, qui correspondent
à la quantité d'hypobromite ayant servi à réagir sur l'urée.

En hypobromite, on aura la relation

$$\frac{10^{cc}, \text{ solution arsenicale.}}{2^{cc},6 \text{ d'hypobromite} \ldots\ldots} = \frac{61^{cc},33}{x}.$$

d'où $x = 15^{cc}, 9.$

Telle est la marche qui permet d'évaluer rigoureusement la proportion d'hypobromite qui a servi à décomposer une quantité connue d'urée.

Mais ces opérations successives sont assez longues. Outre la perte d'une certaine quantité d'hypobromite (30 centimètres cubes ont été employés, alors que 16 centimètres cubes seulement étaient nécessaires), elle offre l'inconvénient d'exiger deux burettes de Mohr pour le titrage de l'hypobromite avant et après l'addition d'urée.

Nous avons donc cherché à modifier ce modus faciendi, en laissant tomber goutte à goutte l'hypobromite dans un vase contenant la solution d'urée, jusqu'à ce que l'on cesse de constater un dégagement gazeux, puis, dépassant un peu; ce qui est indiqué : 1° par la cessation de tout dégagement de gaz; 2° par la coloration légèrement jaune, produite par l'excès d'hypobromite. On ajoute ensuite dans la solution une quantité suffisante de liqueur arsenicale; on est averti que la quantité de liqueur arsenicale est suffisante par la décoloration qui se produit instantanément.

On verse un léger excès de cette liqueur arsenicale; on s'assure de l'excès par l'addition de sulfate d'indigo qui, dans ce cas, reste coloré en jaune.

On fait tomber de nouveau quelques gouttes d'hypobromite jusqu'à la décoloration de l'indigo.

Si, de la quantité totale d'hypobromite employé, on retranche l'arsénite ajouté, évalué en hypobromite, on obtiendra immédiatement la quantité d'hypobromite qui aura été nécessaire et suffisante pour la décomposition de l'urée.

Autre point important, il faut vérifier que le nombre obtenu est identiquement le même que celui auquel on est arrivé par la méthode précédente.

En effet, dans ce nouveau procédé très expéditif, il peut se produire une certaine élévation de chaleur quand l'hypobromite est versé rapidement dans la solution d'urée; on peut se demander si l'hypobromite ne perd pas un peu de son titre par le seul fait de la réaction vive qui se produit. Si cela est, la quantité d'hypobromite employée est égale : 1° à celle employée pour la décomposition de l'urée ; 2° à celle qui résulte de l'élévation de la température pendant la réaction.

Nos expériences ont été faites avec le même hypobromite et avec la même quantité d'urée.

On met dans un verre à expérience 2 centimètres cubes d'une solution d'urée qui contiennent $0^{gr},04$ d'urée.

Nous ajoutons goutte à goutte l'hypobromite à l'aide d'une burette de Mohr.

Parti de 0 centimètre cube, on va à 17 centimètres cubes. Tout dégagement gazeux ayant cessé, le liquide se colore en jaune.

On ajoute 10 centimètres cubes de la solution arsenicale jusqu'à décoloration complète.

On fait tomber une goutte de sulfate d'indigo ; le liquide conserve une teinte jaune verdâtre.

On verse de nouveau un peu d'hypobromite, jusqu'à la décoloration de la teinte jaune, on note 18 centimètres cubes.

Si l'on retranche la valeur en hypobromite de 10 centimètres cubes de la liqueur arsenicale, savoir : 2,6

On aura :

$$18 - 2.6 = 15.4$$

pour l'hypobromite employé à la décomposition des $0^{gr},04$ d'urée.

Or, par la méthode précédente, on avait trouvé $15^{cc},9$.

Prenons la solution suivante d'hypobromite.

Lessive de soude.................... 100 centimètres cubes.
Brome................... 3   —

On titre ici l'hypobromite avec une solution arsenicale au 1/100 équivalent.

Acide arsénieux....................... $49^{gr},50$
Carbonate de soude.................... $26^{gr},5$
Eau distillée......................... Q. S. pour 1 litre.

On obtient pour titre de l'hypobromite.

$11^{cc},10$ d'hypobromite exigent 10 centimètres cubes d'arsénite.

ou bien

$10^{cc},80$ d'hypobromite .... $9^{cc},009$ d'arsénite.

PREMIÈRE MÉTHODE

Dans 10 centimètres cubes d'hypobromite, on verse $0^{cc},9$ d'une solution d'urée qui contient 2 grammes d'urée par 100 centimètres cubes d'eau distillée. Au moment où le dégagement gazeux a cessé, on titre les $10^{cc},9$ de liquide.

On prend 5 centimètres cubes de la solution arsenicale dans laquelle ou verse une goutte de sulfate d'indigo; on laisse tomber l'hypobromite qui amène la décoloration, on note $7^{cc},7$ d'hypobromite employé.

Cette quantité correspond à $7,7 \times \frac{10}{10,9} = 7,061$ de l'hypobromite non étendue de $0^{cc},9$ d'eau

On a donc $7^{cc},064$ pour l'hypobromite ayant réagi sur l'urée, ce qui équivaut à 5 centimètres cubes d'arsénite.
d'où :

10 centim. cubes d'hypobromite ayant réagi $= 7^{cc},078$ d'arsénite.

tandis que :

10 — — intact $= 9^{cc},009$ —

L'addition de $0^{cc},9$ de solution d'urée à 10 centimètres cubes d'hypobromite a donc détruit une partie de celui-ci que l'on peut évaluer à :

$9^{cc},009 - 7,078 = 1^{cc},931$ d'arsénite pour $0^{cc},9$ de la solution d'urée.

Ce qui revient à dire :

$2^{cc},146$ d'arsénite pour 1 c. c. de la solution d'urée qui contient $0^{gr},02$.

En évaluant l'arsénite en hypobromite, on aura :

$$\frac{10^{cc},0 \quad \text{d'arsénite} \ldots \ldots}{11^{cc},1 \quad \text{hypobromite} \ldots \ldots} = \frac{2^{cc},146}{x}.$$

d'où $x = 2^{cc},38$.

Donc, il a fallu par cette méthode $2^{cc},38$ d'hypobromite de soude pour décomposer $0^{gr},02$ d'urée.

Il nous reste à déterminer le chiffre auquel nous arriverons par la seconde méthode, en nous servant du même hypobromite. Pour arriver au but, voici la marche que nous avons suivie :

Nous prenons 1 centimètre cube de solution d'urée qui contient 2 centigrammes.

On laisse tomber dans cette solution l'hypobromite de soude qui est placé dans une burette de Mohr, la cessation du dégagement gazeux indique la fin de la réaction, et la légère teinte jaune montre l'excès d'hypobromite.

On ajoute 1 centimètre cube d'une solution arsenicale titrée, qui décolore la liqueur, qui montre que ce centimètre cube a suffi.

On verse une goutte d'indigo qui reste colorée en jaune verdâtre, ce qui prouve qu'il y a un léger excès d'arsénite de soude.

On décolore de nouveau à l'aide de quelques gouttes d'hypobromite de soude ; la fin de la réaction se fait instantanément et est très sensible.

La quantité totale d'hypobromite ajoutée s'est élevée à $3^{cc},35$.

Si, maintenant, on retranche $1^{cc},11$ d'hypobromite pour 1 centimètre cube d'arsénite, on aura $3^{cc},35 - 1,11 = 2^{cc},24$.

Ce dernier chiffre représente la quantité d'hypobromite ayant servi à la décomposition de 2 centigrammes d'urée. Or, par la première méthode, on trouvait $2^{cc},38$.

On voit qu'il y a concordance presque absolue entre les résultats obtenus par les deux méthodes. Dans la première méthode, nous avons trouvé un chiffre un peu plus fort que dans la seconde, ce qui est conforme à ce que nous avions rencontré dans le premier exemple, où nous avons noté $15^{cc},9$ dans la première méthode et, dans la seconde, $14^{cc},5$.

Nous verrons plus tard que le chiffre théorique d'hypobromite de soude, ou titre précédent, nécessaire à la décomposition de 2 centigrammes d'urée, s'élève à $2^{cc},22$ pour que la relation :

$$CO(AzH^2)^2 + 3NaBrO = 3Na,Br + CO^2 + Az^2 + 2H^2O.$$

se trouve vérifiée.

Ayant à choisir entre les deux méthodes, nous devons conclure que la seconde est la plus rigoureuse, en même temps qu'elle est la plus commode et la plus rapide.

Nous avons maintenant à notre disposition une méthode exacte, qui va nous servir à résoudre, par liqueur titrée, le problème que nous nous sommes proposé, c'est-à-dire de rechercher si les solutions d'hypobromite, qui ne donnent pas le chiffre théorique d'azote, répondent à notre formule théorique trouvé dans notre première partie.

Nous montrerons que les solutions d'hypobromite de soude qui donnent le chiffre théorique $3^{cc},698$ au lieu de $3^{cc},7$, sont précisément celles qui justifient l'équation prcédente.

RELATION ENTRE LA SOLUTION D'HYPOBROMITE ET L'ÉQUATION FONDAMENTALE

Prenons d'abord une solution où la quantité de brome par rapport à la soude est forte.

Eau...........................	200 centimètres cubes.	
Lessive des savonniers............	100	—
Brome..........................	10	—

Le titrage donne $8^{cc},7$ d'hypobromite pour 10 centimètres d'arsénite de soude au 1/100 d'équivalent d'acide arsénieux.

Faite d'après la règle de la 2me méthode.

On met dans le verre à expérience 5 centimètres cubes d'une solution d'urée qui contient 0^{gr},20 (solution : 2^{gr},06 pour 50 centimètres cubes d'eau urée à 97, 1 pour 100).

On ajoute goutte à goutte l'hypobromite.

Parti de la division de 2,0 on va à 17,7. A ce moment, tout dégagement gazeux ayant cessé, le liquide se colore en jaune par le léger excès d'hypobromite.

On verse 1 centimètre cube d'arsénite de soude qui décolore, on fait tomber une guotte d'indigo ; le liquide conserve une teinte jaune verdâtre.

On ajoute peu à peu l'hypobromite ; on arrive ainsi à :

	18^{cc},05
Avec correction d'un centim. c. d'arsénite.	0^{cc},87
Soustraction de......................	2^{cc}
	15^{cc},18 d'hypobromite,

employé pour la décomposition de l'urée.

On prend 2 centimètres cubes de solution d'urée, qui renferme 0^{gr},08.

On ajoute peu à peu l'hypobromite.

On part de 26, 85 on s'arrête lorsque le liquide se colore

en jaune; on verse 1 centimètre cube d'arsénite de soude qui décolore le liquide ; une goutte d'indigo produit une teinte jaune.

L'addition successive d'hypobromite jusqu'à décoloration nous donne :

$$34^{cc},15$$
Correction d'un centim. cube d'arsénite $0^{cc},87$
$$\overline{33^{cc},28}$$
Soustraction de..................... $26^{cc},85$
$$\overline{6^{cc},43 \text{ d'hypobromite.}}$$

employé à la décomposition de l'urée.

TROISIÈME EXPÉRIENCE

La marche à suivre étant toujours la même, nous nous contenterons de donner les résultats définitifs, sans entrer dans les détails.

Nous prenons 3 centimètres cubes d'une solution d'urée, qui contient $0^{gr},12$.

L'hypobromite total nécessaire à la décomposition de l'urée s'est élevé à $9^{cc},48$.

QUATRIÈME EXPÉRIENCE

On prend 1 centimètre cube d'une solution qui contient $0^{gr},04$. L'hypobromite utilisé dans la destruction de l'urée a été de $3^{cc},13$.

La moyenne de ces quatre expériences donne $23^{cc},5$ d'hypobromite pour $0^{gr},30$ d'urée ; on en déduit facilement ce qui suit :

$$\frac{CO(AzH^2)^2}{NaOBr} = \frac{23,5}{8,7} = 2,70.$$

Il est ainsi clairement démontré que, pour la solution précédente, le chiffre théorique 3NaOBr n'est pas obtenu.

Si nous remontons à la première partie du Mémoire, nous voyons que la solution :

Eau	500 centimètres cubes.
Lessive de soude..........	100 —
Brome.................	10 —

ne dégageait que $3^{cc},22$ d'azote. Or, la dernière solution étant un peu plus concentrée, devrait dégager un peu plus; mais, comme nous l'avons vu, l'effet de la concentration ne saurait augmenter le résultat de plus de $0^{cc},1$. Il est logique d'admettre $3^{cc},3$ pour le dégagement gazeux correspondant au chiffre $2^{cc},70$ et à la solution précédente.

Poursuivons notre étude en opérant avec une autre solution d'hypobromite de soude :

Eau................................	200 centimètres cubes.
Lessive de soude...................	100 —
Brome.............................	8 —

Le titrage nous donne $10^{cc},5$ d'hypobromite pour 10 centimètres cubes d'arsénite de soude au 1/2 centième d'équivalent.

Dans une première expérience, nous prenons 1 centimètre cube de la solution d'urée qui contient $0^{gr},04$.

L'hypobromite nécessaire à la décomposition a été de $3^{cc},95$.

Dans une seconde expérience, on prend 2 centimètres cubes d'une solution d'urée qui renferme $0^{gr},08$.

L'hypobromite qui a servi à la décomposition a été de 8 centimètres cubes.

Dans une troisième expérience, on prend 3 centimètres cubes d'une solution d'urée contenant $0^{gr},12$.

L'hyprobromite nécessaire à la décomposition est de $11^{cc},70$.

Dans une quatrième expérience, on prend 5 centimètres cubes d'une solution qui renferme $0^{gr},20$ d'urée.

L'hyprobromite utilisé dans la réaction est de $18^{cc},80$.

Au point de vue des déductions pratiques, il est de la plus haute importance de faire remarquer la rigueur de cette méthode absolument concordante pour la proportion de l'hypobromite employé dans la décomposition de l'urée, dont le poids varie du simple au quintuple.

La moyenne des résultats précédents donne $29^{cc},20$ d'hypobromite ayant été nécessaires pour décomposer $0^{gr},30$ d'urée.

Nous aurons ainsi :

$$\frac{CO(\acute{A}zH^2)^2}{NaOBr} = \frac{29,20}{10,5} = 2,78.$$

La déduction logique est la suivante : Lorsque la quantité de brome, par rapport à la soude, va en diminuant, le rapport augmente.

Dans ces mêmes conditions, c'est-à-dire avec des solutions d'hypobromite de soude semblables, nous avons vu que le dégagement gazeux allait lui-même en augmentant.

Changeons encore la solution d'hypobromite de soude et voyons les résultats :

Lessive de soude.................. 100 centimètres cubes.
Brome...................   5   —

Le titrage nous donne 6 centimètres cubes d'hypobromite pour 10 centimètres cubes d'arsénite de soude au 1/2 centième d'équivalent.

Dans une première expérience, nous prenons 1 centimètre cube de solution d'urée qui renferme $0^{gr},02$.

L'hypobromite total utilisé dans la réaction est de $1^{cc},15$.

Dans une deuxième expérience, on prend 2 centimètres cubes d'une solution d'urée qui renferme $0^{gr},08$.

L'hypobromite employé a été de $4^{cc},6$.

Dans une troisième expérience, nous versons 5 centimètres cubes d'une solution d'urée qui renferme $0^{gr},20$.

L'hypobromite nécessaire à la décomposition a été de $11^{cc},15$.

La moyenne des résultats précédents, qui concordent tous, donne $17^{cc},15$ d'hypobromite de soude, nécessaires à la décomposition de $0^{gr},30$ d'urée.

Pour la relation, on aura :

$$\frac{CO(AzH^2)^2}{NaOBr} = \frac{17,15}{6^{cc},0} = 2,86.$$

A l'aide de cette solution, on se rapproche du chiffre théorique. D'ailleurs, le dégagement gazeux, qui correspond à cette même solution, est de $3^{cc},56$, comme nous l'avons vu plus haut.

Toutes les expériences qui précédent tendent à nous démontrer que, dans les solutions d'hypobromite qui doivent servir à la décomposition de l'urée, la proportion du brome à la soude ne doit pas être quelconque, mais qu'il est indispensable de déterminer ce rapport avec exactitude.

Nous allons démontrer le fait d'une manière absolument convaincante par l'expérience suivante :

Prenons la solution

Eau...............................	50	centimètres cubes.
Lessive de soude....................	100	—
Brome.............................	5	—

Le titrage donne $8^{cc},55$ d'hypobromite qui équivalent à 10 centimètres cubes d'arsénite de soude.

Dans 2 centimètres cubes de solution d'urée, qui contiennent $0^{gr},08$, on verse l'hypobromite de soude.

On a :

$$6^{cc},545 \text{ d'hypobromite employé}$$

ce qui donne :

$$24^{cc},55 \text{ d'hypobromite pour } 0^{gr},30 \text{ d'urée.}$$

Dans la relation, nous aurons donc :

$$\frac{Co(AzH^2)^2}{NaOBr} = \frac{24,55}{8,55} = 2,87.$$

Faisons une autre solution : à 30 centimètres de la solution précédente, nous ajoutons 2 centimètres cubes de brome.

Le titrage de ce nouvel hypobromite de soude donne :

$$4^{cc},2 \text{ d'hypobromite pour 10 centimètres cubes d'arsénite.}$$

Dans 2 centimètres cubes de solution d'urée, qui renferment

$0^{gr},08$, on ajoute l'hypobromite de soude ; on trouve que $3^{cc},12$ de ce dernier sont nécessaires à la décomposition de $0^{gr},08$ d'urée. Ce qui fait $11^{cc},70$ d'hypobromite pour $0^{gr},30$ d'urée, ce qui donnera pour la relation,

$$\frac{CO(AzH^2)^2}{NaOBr} = \frac{}{4,2} = 2,78.$$

Donc, l'addition de brome fait tomber le rapport de 2,86 à 2,78.

La déduction est la suivante. Il y a lieu de supposer que l'addition de soude produira un résultat inverse.

A 50 centimètres cubes de la solution :

```
Lessive de soude.................  100 centimètres cubes.
Brome............................    5        —
```

nous ajoutons 25 centimètres cubes de lessive des savonniers.

Le titrage de ce nouvel hypobromite est tel que :

12,4 cent. c. d'hypobromite = 10 cent. c. d'arsénite de soude.

Dans 2 centimètres cubes de solution d'urée, qui contiennent $0^{gr},08$ nous versons l'hypobromite.

Ce dernier est de $9^{cc},96$, ce qui donne :

$37^{cc},35$ d'hypobromite pour $0^{gr},30$ d'urée.

La relation sera la suivante :

$$\frac{CO(AzH^2)^2}{NaOBr} = \frac{37,35}{12,4} = 3,01.$$

Le rapport 2,86 a été augmenté de telle sorte qu'il est devenu le chiffre théorique.

La solution qui donne le chiffre est donc :

50 centimètres cubes d'eau.	Lessive de soude, 100 centim. c.
177ᶜᶜ, de lessive de soude....	Eau, 28 centimètres cubes.
5 centim. cubes de brome.	Brome 2ᶜᶜ,8.

En augmentant un peu le brome, on s'écarte du chiffre théorique, mais, en supprimant l'eau, on augmente la concentration et l'on s'en rapproche.

On peut remplacer par la suivante, qui donne également le chiffre théorique, et qui est facile à retenir. Voici cette solution.

Lessive de soude.................. 100 centimètres cubes.
Brome.......................... 3   —

PREMIÈRE EXPÉRIENCE

Avec ce nouvel hypobromite, nous pourrons faire désormais différentes analyses d'urée.

Le titrage de l'hypobromite donne 11 centimètres cubes d'arsénite de soude.

D'un autre côté, on prend 2 centimètres cubes de solution d'urée qui contient 0ᵍʳ,04.

L'hypobromite employé est de 4ᶜᶜ,4, ce qui donne 33 centimètres cubes pour 0ᵍʳ,30 d'urée.

D'où :

$$\frac{CO(AzH^2)^2}{NaOBr} = \frac{33,0}{11,0} = 3,0.$$

DEUXIÈME EXPÉRIENCE

On répète la précédente, on prend 2 centimètres cubes de solution d'urée qui renferme 0,04 d'urée, on y ajoute l'hypobromite, on a alors :

Hypobromite employé.............................. 4^{cc},4

On trouve donc exactement le rapport précédent :

C. — DOSAGE DE L'URÉE PAR LE DÉGAGEMENT GAZEUX AVEC LA SOLUTION PRÉCÉDENTE D'HYPOBROMITE AYANT LE TITRE 11 CENTIMÈTRES CUBES

Les détails de cette opération ont été donnés dans la première partie de ce mémoire.

On a obtenu :

1re EXPÉRIENCE

0^{gr},04 d'urée ont dégagé 14^{cc},74 à 0 degré et à 760.

2 EXPÉRIENCE

0^{gr},02 d'urée ont dégagé 7^{cc},42 à 0 degré et à 760.

La moyenne de ces deux résultats concordants donne : 3^{cc},698 d'azote à 0 degré et à 760 pour 1 centigramme d'urée le chiffre théorique est, comme on sait : 3^{cc},7.

F. — VÉRIFICATION DES RÉSULTATS PRÉCÉDENTS

Nous voulons savoir si, toutes les fois que l'on prépare un hypobromite d'après la dernière formule, en se plaçant dans les mêmes conditions, en ajoutant le brome goutte à goutte, on obtient sensiblement le même titre.

En prenant la solution :

Lessive de soude................... 100 centimètres cubes.
Brome........................... 3   —

On obtient comme titre $11^{cc},1$ pour 10 centimètres cubes d'arsénite de soude.

L'expérience faite avec 1 centimètre cube, solution d'urée qui contient $0^{gr},02$.

On trouve................. $2^{cc},24$ d'hypobromite employé.
Ce qui donne.............. $33^{cc},6$ pour $0^{cc},30$ d'urée.

Pour les rapports, on a :

$$\frac{CO(AzH^2)^2}{NaOBr} = \frac{33,6}{11,1} = 3,02.$$

Donc, on retrouve constamment le chiffre théorique.

Nous pouvons représenter parallèlement l'ensemble des résultats obtenus dans la première et dans la seconde partie de ce mémoire par le tableau suivant:

Solutions.	Azote dégagé.	Rapport $CO(AzH^2)^2$: $NaoBr$
Eau, 500 centimètres cubes............... Lessive de soude, 100 centimètres cubes... Brome, 10 centimètres cubes..............	$3^{cc},22$	»
Eau, 200 centimètres cubes............... Lessive de soude, 100 centimètres cubes... Brome, 10 centimètres cubes..............	»	2,70
Eau, 200 centimètres cubes............... Lessive de soude, 100 centimètres cubes.... Brome, 8 centimètres cubes..............	»	2,78

QUINQUAUD.   6

Solution.	Azote dégagé.	Rapport $CO(AzH^2)^2$: NaoBr
Eau, 500 centimètres cubes............ Lessive de soude, 100 centimètres cubes... Brome, 5 centimètres cubes.............	$3^{cc},41$	»
Lessive de soude, 100 centimètres cubes... Brome, 5 centimètres cubes.............	$3^{cc},56$	2,86
Eau 500 centimètres cubes............. Lessive de soude, 100 centimètres cubes.... Brome, 3 centimètres cubes.............	$3^{cc},56$	»
Eau, 28 centimètres cubes............. Lessive de soude, 100 centimètres cubes.... Brome, $2^{cc},8$............................	»	3,01
Lessive de soude, 100 centimètres cubes...	$3^{cc},69$	3,00
Brome, 3 centimètres cubes.............	$3^{cc},71$	3,02

En dernière analyse, nous sommes arrivé à déterminer la formule de l'hypobromite de soude qui, réagissant sur l'urée, nous donnera le chiffre théorique soit en azote, soit en équivalent, lorsque nous doserons l'urée par liqueur titrée.

Si l'on veut faire le dosage de l'urée à l'aide de l'azote dégagé, on se servira de notre uréomètre, qui satisfait aux deux conditions suivantes : 1° pression interne égale à la pression atmosphérique au moment de la décomposition; 2° agitation convenable.

Si l'on opère par liqueur titrée, on suivra la marche que nous avons donnée pour arriver à déterminer le rapport théorique que nous pouvons résumer dans la formule suivante :

Soit t le titre de l'hypobromite rapporté à 10 centimètres cubes d'arsénite de soude au demi 1/100 d'équivalent d'acide arsénieux.

S'il a fallu un nombre n de centimètres cubes, déterminé

par la méthode que nous avons largement détaillée pour décomposer un poids inconnu d'urée x, il est facile d'évaluer
ce poids.

En effet, avec la solution d'hypobromite que nous avons indiquée, on a :

$$(1)\quad \frac{CO(AzH^2)^2}{NaOBr} = 3.$$

L'équivalent de l'urée $CO(AzH^2)^2$ est égal à 60 grammes, de
sorte que l'on a 30 centigrammes pour un demi-centième
d'équivalent d'urée, qui sont décomposés d'après la relation (1)
par trois demi-centièmes d'équivalents d'hypobromite NaOBr.

L'hypobromite étant évalué en arsénite de soude, et t repré-
sentant un demi centième d'équivalent d'hypobromite, on
aura la relation :

$$\frac{0^{gr},30 \text{ d'urée}}{3t} = \frac{x}{n}$$

d'où :

$$x = 0^{gr},10 \times \frac{n}{t}$$

Citons un exemple :

On prend 1 centim. c. d'une solution d'urée renfermant 2 centigr. d'urée.

Dans les derniers essais, nous avons presque toujours déterminé le titre, en prenant 5 centimètres cubes d'arsénite de
soude, et en l'étendant de son volume d'eau pour éviter que la
liqueur se prenne en masse par l'addition de l'hypobromite.

En opérant ainsi, il a fallu employer :

5^{cc},55 d'hypobromite pour 5 centim. cubes d'arsénite de soude.

d'où

$$t = 11^{cc},1.$$

Le nombre de centimètres cubes d'hypobromite nécessaire à la décomposition de l'urée a été de 2^{cc},24 $= n$
d'où :

$$x = 0^{gr},10 \times \frac{2,24}{11,1} = 0,0201.$$

Or, on avait employé 0^{gr},020 d'urée.

VARIATIONS, AVEC LE TEMPS, DU TITRE DE LA SOLUTION D'HYPOBROMITE DE SOUDE

Nous avons obtenu les résultats consignés dans notre Mémoire, en opérant avec des solutions d'hypobromite de soude récemment préparées.

Nous allons maintenant faire varier le titre des solutions d'hypobromite en les abandonnant à elles-mêmes pendant un temps variable, et nous rechercherons si cette variation a une influence quelconque sur la détermination rigoureuse de l'urée.

1re EXPÉRIENCE DU 1er MAI 1881

On prépare une solution d'hypobromite d'après la formule :

Lessive de soude.................. 100 centimètres cubes.
Brome............................ 3   —

Cette solution a un titre tel que 11 centimètres cubes d'hypobromite égalent 10 centimètres cubes d'arsénite de soude.

Ajoutons que cet hypobromite nous avait donné exactement le chiffre théorique.

2ᵉ EXPÉRIENCE DU 8 MAI

Du 1ᵉʳ au 8 mai, la solution est restée soumise à l'action de la lumière et donnait comme titre :

1ᵉʳ titrage.. 12ᶜᶜ,80 d'hypobromite pour 5 cent. c. d'arsénite.
2ᵉ titrage... 12ᶜᶜ,85   —   5   —
____
Moyenne. 12ᶜᶜ,82   —   5   —

d'où :

25ᶜᶜ,64 d'hypobromite pour 10 centimètres cubes d'arsénite.

En huit jours, le titre était tombé de plus de moitié. Néanmoins cet hypobromite de soude nous donnait encore rigoureusement le chiffre de l'urée.

Nous prenons 1 centimètre cube de solution d'urée, qui contient 2 centigrammes.

En outre 5ᶜᶜ,15 $= n$ d'hypobromite sont employés à la décomposition, le titre étant de 25,64 $= t$.

Si l'on admet que la formule :

$$x = 0^{gr},10 \times \frac{n}{t}$$

qui s'appliquait à un hypobromite récent et de formule déterminée, convienne encore à l'hypobromite ancien ayant huit jours de préparation et un titre qui a diminué de moitié, on aura :

$$x = 0^{gr},10 \times \frac{5,15}{25,64} = 0^{gr},0201 \text{ au lieu de } 0^{gr},020.$$

Mais, si la solution d'hypobromite est abandonnée à elle-même pendant plus de huit jours, le titre va s'affaiblir, et si alors on la fait réagir sur l'urée, donnera-t-elle encore le chiffre théorique ?

Voyons ce que dit l'expérimentation :

Le 15 mai, nous préparons une solution d'après la formule suivante :

Lessive de soude.................... 100 centimètres cubes.
Brome............................. 3

Cette solution a un titre tel, que 5 centimètres cubes d'arsénite de soude exigent 5,6 d'hypobromite;
d'où :

10 centim. cubes d'arsénite de soude = 11,2 d'hypobromite.

Le 30 mai, nous titrons cet hypobromite, placé à l'abri de la lumière; nous trouvons les résultats suivants :

2 centimètres cubes d'arsénite de soude = 7,75 d'hypobromite.

d'où :

1 centimètre cube d'arsénite de soude = 3,875

et :

10 centimètres cubes d'arsénite de soude = 38,75

Titrons maintenant l'urée avec ce dernier hypobromite; nous opérons avec 1 centimètre cube de solution d'urée, qui renferme 4 centigrammes.

On trouve que $14,51 = n$ d'hypobromite sont nécessaires à la décomposition de l'urée.

De plus, le titre est de $38,75 = t$.

En admettant la formule indiquée plus haut page 83 :

$$(1)\ x = 0.10 \times \frac{n}{t}$$

il viendra :

$$x = 0,10 \times \frac{14,51}{38,75} = 0^{gr},0374 \text{ au lieu de } 0^{gr},04.$$

Ce qui veut dire que la formule (1) ne saurait plus convenir à cette solution d'hypobromite.

On vérifie en effet que le rapport :

$$\frac{CO(AzH^2)^2}{BrNaO}$$

donne un chiffre inférieur à 3.

Il est donc indispensable d'opérer avec l'hypobromite récemment préparé, ou n'ayant pas plus de huit jours de préparation et cela quelle que soit la méthode, que l'on se serve du procédé par les liqueurs titrées, ou de notre uréomètre. Il faut aussi employer la solution que nous avons formulée pour la première fois.

Il résulte, en effet, de notre Mémoire, que, si l'on s'écarte des proportions que nous avons indiquées, on n'obtiendra jamais le chiffre théorique, soit pour la quantité d'hypobromite qui intervient dans la réaction, lorsqu'on se sert de liqueurs titrées, soit par le volume de gaz dégagé.

Dernier fait, le tableau donné par nous démontre donc clairement que le chiffre théorique d'azote dégagé n'était jamais obtenu lorsque, par liqueur titrée, on ne retrouvait la relation théorique entre l'urée et l'hypobromite de soude qui sert à sa décomposition.

Chaque auteur a donné une formule spéciale pour la préparation de l'hypobromite ; avec ces hypobromites, obtiendra-t-on, grâce à l'addition de substances étrangères, 3^{cc},7 de gaz pour 1 centigramme d'urée décomposée ? Peu importe, mais si l'on veut tenter l'expérience, il faudra opérer sur des poids réels « d'urée pure et sèche », ce que l'on reconnaîtra en la dosant préablement à l'état d'ammoniaque ; de plus, il faudra qu'après l'action de l'hypobromite sur l'urée, on trouve exactement le rapport théorique :

$$\frac{CO''\ (AzH^2)^2}{BrNaO} = 3.$$

Sinon, il sera permis de récuser les résultats obtenus.

Voici une table qui permet de ramener rapidement à 0 et 760 millimètres un volume de gaz observé sur la cuve à eau, à une pression et à une température déterminées.

Pour que les volumes gazeux, obtenus par la décomposition de l'urée, soient comparables, on les réduit à 0 et à 760 millimètres.

Il faut d'abord réduire la hauteur barométrique à 0 degré ; or, les tables faites d'après la formule :

$$H = H'\ \frac{5550}{5550 + t}\ (1 + kt)$$

dans laquelle :

H $=$ Hauteur réduite,
H' $=$ Hauteur observée.
t $=$ Température de l'expérience,
k $=$ Coefficient de dilatation linéaire de l'échelle

donne la hauteur à retrancher de la hauteur observée avec un baromètre gradué sur laiton.

Ensuite, il faut ramener le volume gazeux à 0° et à 750 millimètres; la formule de réduction est :

$$V' = \frac{V\,(H-f)}{760(1 + 0{,}00367t)} \times h$$

dans laquelle f représente la tension de la vapeur d'eau à la température t du bain et H la pression réduite. Si l'on pose $H = 760 + h$ la formule précédente devient :

$$V' = \frac{V\,(760 - f)}{760\,(1 + 0.00367t)} + \frac{V}{760\,(1 + 0.00367t)} \times h.$$

Si l'on prend $V = 1, 2\ldots\ldots 9$ et que l'on fasse varier t de 10 degrés à 30 degrés, de degré en degré, on a dans les tables suivantes les valeurs du premier terme et du facteur de h du second membre. On conçoit que, dans ces conditions, on ait rapidement le volume V' pour une observation faite à une température et à une pression quelconques.

EXEMPLE DU CALCUL

Soit un gaz saturé occupant $76^{cc}{,}5$ à 10 degrés et à la pression réduite de 763 millimètres; on a ici $+ h = 3$ millimètres, la table correspondante à la température de 10 degrés donnera les éléments du calcul que l'on dispose ainsi :

70........................	66.7037	+ 0.08883	+ 3
6........................	5.71746	+ 0.007614	+ 3
0.5........................	0.47455	+ 0.000635	+ 3
	72.89571	0.097079	
	0.29124		3
	73.18695	0.291237	

Le volume cherché est donc $73^{cc}{,}19$ à 0 degré et à 760 millim.

TABLES CONSTRUITES PAR NOUS POUR RAMENER A $0°$ ET A 760^{mm} UN VOLUME DE GAZ OBSERVÉ

$$H = 768 \pm h.$$

V	$t = 10°$			$t = 11°$		
1	0,95291	$\pm$	$0,001269 \times h.$	0,94878	$\pm$	$0,001265 \times h.$
2	1,90582	$\pm$	0,002538	1,89756	$\pm$	0,002530
3	2,85873	$\pm$	0,003807	2,84634	$\pm$	0,003795
4	3,81164	$\pm$	0,005076	3,79512	$\pm$	0,005060
5	4,76455	$\pm$	0,006345	4,74390	$\pm$	0,006325
6	5,71746	$\pm$	0,007614	5,69268	$\pm$	0,006590
7	6,67037	$\pm$	0,008883	6,64146	$\pm$	0,008855
8	7,62328	$\pm$	0,010152	7,59024	$\pm$	0,010120
9	8,57619	$\pm$	0,011421	8,53902	$\pm$	0,011385

$$H = 760 \pm h.$$

V	$t = 12°$			$t = 13°.$		
1	0,94455	$\pm$	$0,001260 \times h.$	0,94035	$\pm$	$0,001156 = h.$
2	1,88910	$\pm$	0,002520	1,88070	$\pm$	0,002512
3	2,83365	$\pm$	0,003780	2,82105	$\pm$	0,003768
4	3,77820	$\pm$	0,005040	3,76140	$\pm$	0,005024
5	4,72275	$\pm$	0,006300	4,70175	$\pm$	0,006280
6	5,66730	$\pm$	0,007560	5,64210	$\pm$	0,007536
7	6,61185	$\pm$	0,008820	6,58245	$\pm$	0,008792
8	7,55640	$\pm$	0,010080	7,52280	$\pm$	0,010048
9	8,50095	$\pm$	0,011340	8,46315	$\pm$	0,011304

V	$t = 14°$			$t = 15°$		
1	0,93617	$\pm$	$0,001251 \times h.$	0,93203	$\pm$	$0,001247 \times h.$
2	1,87234	$\pm$	0,002502	1,86406	$\pm$	0,002494
3	2,80851	$\pm$	0,003753	2,79609	$\pm$	0,003741
4	3,74468	$\pm$	0,005004	3,72812	$\pm$	0.004988
5	4,68085	$\pm$	0,006255	4,66015	$\pm$	0,006235
6	5,61702	$\pm$	0,007506	5,59218	$\pm$	0,007482
7	6,55319	$\pm$	0,008757	6,52421	$\pm$	0,008729
8	7,48936	$\pm$	0,010008	7,45624	$\pm$	0,009976
9	8,42553	$\pm$	0,011259	8,38827	$\pm$	0,011223

V	$t = 16°$			$t = 17°$		
1	0,92779	±	0,001243 × h.	0,92346	±	0,001239 × h.
2	1,85558	±	0,002486	1,84692	±	0,002478
3	2,78337	±	0,003729	2,77038	±	0,003717
4	3,71116	±	0,004972	3,69384	±	0,004956
5	4,63895	±	0,006215	4,61730	±	0,006195
6	5,56674	±	0,007458	5,54076	±	0,007434
7	6,49453	±	0,008701	6,46422	±	0.008673
8	7,42232	±	0,009944	7,38768	±	0,009912
9	8,35011	±	0,011187	8,31114	±	0,011151

$$\mathrm{H} = 760 \pm h.$$

V	$t = 18°$			$t = 19°$		
1	0,91915	±	0 001234 × h.	0,91476	±	0,001230 × h.
2	1,83830	±	0,002468	1,82952	±	0,002460
3	2,75745	±	0,003702	2,74428	±	0,003690
4	3,67660	±	0,004936	3,65904	±	0,004920
5	4,59575	±	0,006170	4,57380	±	0,006150
6	5,51490	±	0,007404	5,48856	±	0,007380
7	6,43405	±	0,008638	6,40332	±	0,008610
8	7,35320	±	0,009872	7,31808	±	0,009840
9	8,27235	±	0,011106	8,23284	×	0,011070

V	$t = 20°$			$t = 21°$		
1	0,91026	±	0,001225 × h.	0,90581	±	0,001222 × h.
2	1,82052	±	0,002450	1,81162	±	0,002444
3	2,73078	±	0,003675	2,71743	±	0,003666
4	3,64104	±	0,004900	3,62324	±	0,004888
5	4,55130	±	0,006125	4,52905	±	0,007332
6	5,46156	±	0,007350	5,43486	±	0,006110
7	6,37182	±	0,008575	6,34067	±	0,008554
8	7,28208	±	0,009800	7,24648	±	0,009776
9	8,19234	±	0,011025	8,15229	±	0,010998

V	$t = 22°$			$t = 23°$		
1	0,90126	$\pm$	$0,001217 \times h.$	0,89685	$\pm$	$0,001213 \times h.$
2	1,80252	$\pm$	0,002434	1,79370	$\pm$	0,002426
3	2,70378	$\pm$	0,003651	2,69055	$\pm$	0,003639
4	3,60504	$\pm$	0,004868	3,58740	$\pm$	0,004852
5	4,50630	$\pm$	0,006085	4,48425	$\pm$	0,006065
6	5,40756	$\pm$	0,007302	5,38110	$\pm$	0,007278
7	6,30882	$\pm$	0,008519	6,27795	$\pm$	0,008491
8	7,21008	$\pm$	0,009736	7,17480	$\pm$	0,009704
9	8,11134	$\pm$	0,010953	8,07165	$\pm$	0,010917

$$\text{H} = 760 \pm h.$$

V	$t = 24°$			$t = 25°$		
1	0,89224	$\pm$	$0,001209 \times h.$	0,88755	$\pm$	$0,001205 \times h.$
2	1,78448	$\pm$	0,002418	1,77510	$\pm$	0,002410
3	2,67672	$\pm$	0,003627	2,66265	$\pm$	0.003615
4	3,56896	$\pm$	0,004836	3,55020	$\pm$	0,004820
5	4,46120	$\pm$	0,006045	4,43775	$\pm$	0,006025
6	5,35344	$\pm$	0,007254	5,32530	$\pm$	0,007230
7	6,24568	$\pm$	0,008463	6,21285	$\pm$	0,008435
8	7,13792	$\pm$	0,009672	7,10040	$\pm$	0,009640
9	8,03016	$\pm$	0,010881	8,98795	$\times$	0,010845

V	$t = 26°$			$t = 27°$		
1	0,88288	$\pm$	$0,001201 \times h.$	0,87813	$\times$	$0,001197 \times h.$
2	1,76576	$\pm$	0,002402	1,75626	$\pm$	0,002394
3	2,64864	$\pm$	0,003603	2,63439	$\pm$	0,003591
4	3,53152	$\pm$	0,004804	3,51252	$\pm$	0,004788
5	4,41440	$\pm$	0,006005	4,39065	$\pm$	0,005985
6	5,29728	$\pm$	0,007206	5,26878	$\pm$	0,007182
7	6,18016	$\pm$	0,008407	6,14591	$\pm$	0,008379
8	7,06304	$\pm$	0,009608	7,02504	$\pm$	0,009576
9	8,94592	$\pm$	0,010809	8,90317	$\pm$	0,010773

V	$t = 28°$			$t = 29°$		
1	0,87328	±	0,001193 $\times h$.	0.86835	±	0,001189 ± h.
2	1,74656	±	0,002386	1,73670	±	0,002378
3	2,61984	±	0,003579	2,60505	±	0,003567
4	3,49312	±	0,004772	3,47340	±	0,004756
5	4,36640	±	0,005965	4,34175	±	0,005945
6	5,23968	±	0,007158	5,21010	±	0,007134
7	6,11296	±	0,008351	6,07845	±	0,008323
8	7,98624	±	0,009544	7,94680	±	0,009512
9	8,85952	±	0,010737	8,81515	±	0,010701

$$H = 760 \pm h.$$

$$t = 30°$$

V			
1	0,86345	±	0,001185 $\times h$.
2	1,72690	±	0,002370
3	2,59035	±	0,003555
4	3,45380	±	0,004740
5	4,31725	±	0,005925
6	5,18070	±	0,007110
7	6,04415	±	0,008295
8	7,90760	±	0,009480
9	8,77105	±	0,010665

HAUTEUR A RETRANCHER DE LA HAUTEUR OBSERVÉE AVEC UN BAROMÈTRE GRADUÉ SUR LAITON, POUR RÉDUIRE A ZÉRO :

H. — HAUTEUR OBSERVÉE, α — HAUTEUR A RETRANCHER POUR t DEGRÉS.

H =	700	705	710	715	720	725	730	735
T = 1	α = 0.1130	0.1138	0.1146	0.1154	0.1162	0.1170	0.1128	0.1186
2	0.226	0.228	0.229	0.231	0.232	0.234	0.236	0.237
3	0.339	0.441	0.344	0.346	0.349	0.351	0.353	0.358
4	0.452	0.455	0.458	0.462	0.465	0.468	0.471	0.474
5	0.565	0.569	0.573	0.577	0.581	0.585	0.589	0.593
6	0.678	0.683	0·688	0.692	0.697	0.702	0.707	0.712
7	0.791	0.797	0.802	0.808	0.813	0.819	0 825	0.830
8	0.904	0 910	0.917	0.923	0.930	0.936	0.942	0.949

740	745	750	755	670	785	770	775	780
0.1194	0.1202	0.1210	0.1218	0.1227	0.1235	0.1243	0.1251	0.1259
0.239	0.240	0.242	0.244	0.245	0.247	0.249	0.250	0.252
0.358	0.361	0.363	0.365	0.368	0.370	0.373	0.375	0.378
0.478	0.481	0.484	0.487	0.431	0.494	0.497	0.500	0.501
0.597	0.601	0.605	0.609	0.613	0.617	0.621	0.625	0.629
0.716	0.721	0 726	0.731	0.736	0.741	0.746	0.751	0.755
0.836	0.841	0.847	0.853	0.859	0.864	0.870	0.876	0.881
0.965	0.962	0.968	0.974	0.982	0.988	0.994	1.001	1.007
1.075	1.032	1.089	1.096	1.104	1.111	1.119	1.126	1.133

USAGE DES TABLES.

Soit $H = 750$, $t = + 20$ degrés.

On prend dans la colonne 750 de la table pour 20 degrés, $\alpha = 2.42$.

Retranché de 750 donne la hauteur réduite $H = 757.58$.

CHAPITRE III

PHYSIQUE MÉDICALE

ÉTUDE SUR L'HÉMOGLOBINE, DOSAGE A L'AIDE D'UN SPECTROPHOTO-
MÈTRE. — APPLICATIONS DE LA MÉTHODE. — VARIATIONS DE L'HÉMO-
GLOBINE A LA SUITE DE L'INJECTION D'EAU DANS LES VEINES. —
APRÈS UNE HÉMORRHAGIE. — MODIFICATIONS DANS LE CANCER, DANS
L'INSUFFISANCE TRICUSPIDE, DANS L'ATHÉROME, PAR E. QUINQUAUD
ET BRANY.

Nous nous proposons, dans ce travail, de montrer que le dosage de l'hémoglobine, par les méthodes optiques doit être fait à l'aide des procédés photométriques : nous avons choisi un spectrophotomètre très sensible, qui donne une erreur maxima $\frac{1}{50}$. Nous en avons fait l'application à la physiologie et à la pathologie. Les recherches dans cet ordre d'idées n'ont pas encore été nombreuses; mais elles suffisent pour démontrer que les chiffres observés sont tout à fait concordants avec ceux que nous avions obtenus par la décolorimétrie chimique et par la méthode du pouvoir absorbant.

PREMIÈRE PARTIE

TECHNIQUE DU PROCÉDÉ

MÉTHODES PROTOMÉTRIQUES BASÉES SUR L'APPLICATION DES LOIS
DE LA POLARISATION DE LA LUMIÈRE

Les mesures photométriques sont ici ramenées à l'observation de l'égalité d'intensité de deux faisceaux polarisés à angle droit. Elles ont été proposées et employées d'abord par Arago.

Deux dispositions principales sont été imaginées ; dans l'une, les deux images polarisées à angle droit sont amenées au contact ; dans l'autre, on les fait empiéter, et on reconnaît l'égalité d'intensité des deux faisceaux formant la partie commune en les recevant sur un polariscope. Les images sont juxtaposées dans la première disposition, elles sont superposées dans la seconde. Les pièces essentielles des appareils construits dans ces deux systèmes sont les mêmes ; il s'agit donc d'un spectrophotomètre à faisceaux juxtaposés que nous décrirons avec détails.

Glan s'est servi du premier procédé, en analysant la lumière par le prisme. Le spectrophotomètre de Glan comprend un spectroscope, c'est-à-dire un collimateur, un prisme et une lunette ; entre le collimateur et le prisme sont interposées les pièces du photomètre, à savoir un prisme biréfringent, qui est ici un prisme de Wollaston, et un nicol. Le wollaston produit deux images. La rotation du nicol permet d'amener à l'égalité d'éclat les deux images contiguës que l'on compare, le nicol tend donc à produire le même effet que la fente variable de Vierordt. La fente verticale du collimateur est divisée en deux par une bande de laiton noirci, disposée horizontalement. La lumière qui vient de chaque demi-fente est dédoublée par le prisme de Wollaston ; les deux faisceaux sont polarisés à angle droit. L'angle réfringent du wollaston étant horizontale, les deux images d'une demi-fente sont déviées en sens contraire dans le sens de la fente. Dans la partie moyenne de l'image totale, une image f_2 de la fente supérieure limite une autre image f_1 de la fente inférieure; ces deux images f^2 et f^1 sont polarisées à angle droit. Les faisceaux traversent un nicol, et f_2 et f_1 prennent un éclat relatif, qui dépend de l'angle que le plan de polarisation du nicol fait avec la section principale du wollaston. Au sortir du nicol les faisceaux tombent sur un prisme P qui les étale en spectres; les couleurs de même réfrangibilité se correspondent sur une même verticale, puisqu'on a tourné le wollaston jusqu'à ce que les raies de Fraunhofer des deux spectres fussent superposées. Ces spectres sont observés avec une lunette astronomique. Dans le plan focal de l'oculaire, sont deux plaques noircies formant un diaphragme, mobiles l'une par rapport à l'autre dans une rainure. On ne voit que les deux spectres utiles f_2 et f_1 et seulement une région déterminée dans chacun d'eux. Désignons par I et I' les intensités des deux faisceaux qui traversent les deux demi-fentes; soient a et a' les coefficients d'affaiblissement relatifs aux absorptions et aux réflexions des pièces de l'appareil, a se rapportant à la lumière polarisée dans l'azimut principal, a' à la lumière polarisée dans l'azimut perpendiculaire. Quand le nicol a une position telle, que les deux spectres contigus ont le même éclat, on a :

$$I\, a \sin^2 \alpha = I\, a'\, \cos^2 \alpha$$

est l'angle de rotation du nicol (égal ou supérieur à 45°), compté à partir de la position du nicol par laquelle l'un des deux spectres d'une demi-fente est éteint. Par l'interposition d'une substance absorbante devant l'une des fentes, l'éclat de la lumière qui vient de l'une des demi-fentes est diminué et devient I_1, il faut donner au nicol une nouvelle position qui rétablit l'égalité d'éclat; c'est le nouvel angle α' supérieur à 45° on a l'équation :

$$I_1\, a \sin^2 \alpha' = I\, a'\, \cos^2 \alpha'$$

on déduit des deux équations précédentes :

$$\frac{I_1}{I'} = \frac{\tan^2 \alpha}{\tan^2 \alpha'}.$$

Si les deux demi-fentes sont également éclairées, les observations peuvent n'être pas consécutives ; on a en effet

$$\lambda\, I\, a \sin^2 \alpha = \lambda\, I\, \alpha'\, \cos^2 \alpha$$
$$\mu\, I_1,\, a \sin^2 \alpha' = \mu\, a'\, \cos^2 \alpha'$$

$\lambda\, I$ représente l'intensité de la lumière qui tombe sur chacune des demi-fentes dans la première expérience, $\mu\, I_1$ l'intensité de la lumière qui tombe sur chacune des demi-fentes dans la seconde expérience ; on aura donc :

$$\frac{I_1}{I'} = \frac{\tan^2 \alpha}{\tan^2 \alpha'}.$$

Dans les mesures que nous avons faites par cette méthode, la fente du collimateur avait une hauteur de 7 millimètres, la source lumineuse était la lampe Drummond, nous élevions ou abaissions le bâton de chaux de façon à obtenir un égal éclairement des deux demi-fentes. Nous employions une auge à faces parallèles, divisée en deux compartiments par une cloison horizontale ; cette cloison remplaçait la bande du laiton noirci de l'appareil de Glan.

$\frac{a'}{a} = \mathrm{tang}^2\,\alpha$ se détermine, d'après Wilden, en dirigeant le photomètre vers un écran uniformément éclairé et en amenant les deux spectres au même éclat ; nous avions très sensiblement $\alpha = 45°$, par conséquent $a = a'$.

La seconde équation devient simplement :

$$\frac{I_1}{I} = \mathrm{Cot}^2\,\alpha'.$$

Or, en admettant la loi d'absorption :

$$I_1 = a^e.$$

on aurait :

$$a^e = \cot^2\,\alpha'.$$

e désigne l'épaisseur de la surface absorbante.

La sensibilité du photomètre dépend de la précision avec laquelle on peut décider si deux surfaces sont également éclairés, les différences d'éclat se reconnaissent mieux quand les surfaces se touchent ; dans le cas de l'égalité, la ligne de séparation des deux spectres disparaît. Le contact n'a lieu à la fois que pour une région restreinte du spectre à cause de la différence des dispersions ordinaire et extraordinaire dues au wollaston. — S'il y a entre les deux spectres un espace obscur, ou s'ils empiètent l'un sur l'autre, on approche ou on éloigne la fente de la lentille du collimateur jusqu'à ce qu'il y ait contact pour la place que l'on observe. — Le prisme de wollaston ayant un angle de dédoublement constant, l'écartement des deux images dépend de la distance à l'image réelle fournie par l'objectif. Si le nicol précédait le wollaston, les deux faisceaux polarisés à angle droit issues du wollaston tomberaient sur le prisme du spectroscope sous une incidence oblique et seraient inégalement affaiblis par la réflexion; le nicol doit donc suivre le wollaston; de cette façon les rayons qui tombent sur le prisme sont tous polarisés dans le même plan et également altérés par le prisme. De même le nicol doit avoir sa face d'entrée normale.

Photomètres à faisceaux polarisés à angle droit et superposés. L'égalité des deux faisceaux polarisés à angle droit est aisée à constater quand les deux faisceaux sont en partie superposés; on fait tomber la partie commune sur un polariscope. Jamin et Wild ont obtenu de bons résultats en employant comme polariscope le biquartz de Savart associé à un nicol.

En adoptant une disposition analogue à la leur, nous avons plusieurs fois fait usage d'un appareil assez simple et facile à régler. Il comprend un collimateur, uu wollaston et une lunette dans le corps de laquelle sont fixés le biquartz de Savart et le nicol qui complète le polariscope. La fente du collimateur est ici remplacée par une ouverture carrée que l'on vise avec la lunette. On peut placer devant l'ouverture carrée l'auge à deux compartiments déjà décrite et introduire la même solution colorée dans les deux compartiments; on oriente la section principale du nicol à 45° de celle du wollaston; le wollaston donne naissance à quatre faisceaux dont deux sont superposés, polarisés à angle droit, des franges de Savart ont disparu dans cette partie commune, elles réapparaissent quand les solutions introduites dans les deux compartiments sont différentes on les fait disparaître en tournant le nicol. Pour opérer avec une solution de sang on placera sur le trajet des rayons un verre bleu destiné à arrêter les rayons rouges.

Les mesures sont beaucoup plus précises quand on décompose les faisceaux par un prisme; c'est ainsi que j'ai opéré dans la plupart de mes mesures. Trannin et Violle ont déjà fait usage d'appareils semblables. Les deux faisceaux polarisés à angle droit offrent des franges complémentaires qui disparaissent dans la partie commune, lorsque les deux faisceaux possèdent la même intensité. Comme on opère dans le spectre, on peut prendre ici comme polariscope, soit un biquartz Savart, soit l'une des lames de ce biquartz, soit plus simplement une lame de quartz taillée parallèlement à l'axe des franges de Fizeau et Foucault; derrière cette lame se trouve un nicol qui complète le polariscope.

Le spectrophomètre est composé de pièces indépendantes les unes des autres, ajustées sur des pieds à mouvement qui peuvent glisser sur un banc d'optique.

La source lumineuse est une lampe Drummond, placée dans une lanterne à projection; un jet de gaz d'éclairage et un jet d'oxygène sont dirigés sur un bâton de chaux (ou mieux de magnésie) à faces planes; la pression du gaz et la pression de l'oxygène sont maintenues constantes (pression de l'oxygène 50 centimètres d'eau). Le bâton de chaux est retourné toutes les heures, car, dès qu'il avait commencé à se creuser, l'éclairement cessait d'être égal sur toute la hauteur de la fente. Les rayons parallèles transmis par la lentille de la lanterne tombent sur une fente verticale dont l'un des côtés peut être déplacé à l'aide d'une vis; cette fente était limitée dans sa hauteur à 7 millimètres. On peut lui donner une largeur variable, suivant la région du spectre que l'on étudie spécialement; très fixe pour la région jaune et la région verte, elle est rendue plus large pour l'étude du bleu et du violet. A 50 centimètres de la fente F est placée la lentille L du colli-

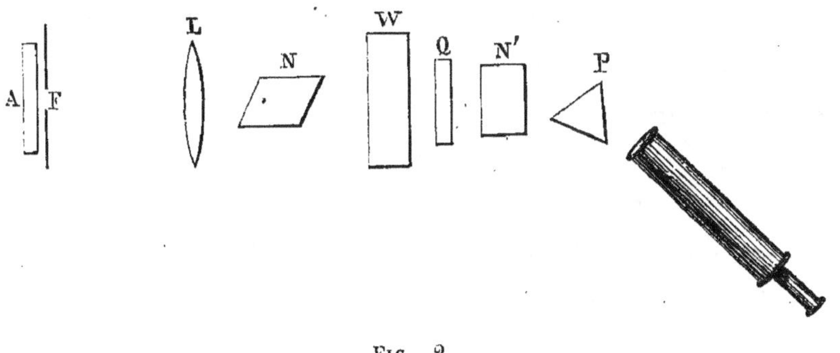

Fig. 2.

mateur. Au delà, en avant du prisme et de la lunette qui complètent le spectroscope, se trouvent les pièces essentielles du photomètre, c'est-à-dire un nicol N centré dans une bonnette cylindrique et muni d'une division en degrés qui mesure sa rotation, un wollaston et un polariscope.

On place devant la fente l'auge à deux compartiments; le wollaston donne alors deux images de chacune des moitiés de la fente, son dédoublement est tel que l'image ordinaire de l'une des demi-fentes et l'image extraordinaire de l'autre demi-fente se superposent en partie.

Ces deux images polarisées à angle droit tombent sur un

polariscope, formé d'une lame de quartz Q de 6 millimètres parallèle à l'axe, et d'un nicol N à faces normales; on a deux spectres cannelés, les franges alternent dans les deux spectres, et elles disparaissent dans une plage des deux spectres dès que l'égalité d'intensité est obtenue pour cette plage. Quand les deux compartiments de l'auge cloisonnée contiennent la même solution colorée, les franges disparaissent dans toute l'étendue de la partie commune aux deux spectres si l'on supprime le nicol antérieur; elles apparaissent au contraire, dès que les deux solutions présentent une différence de coloration; plaçons un nicol devant le wollaston, il suffit de le tourner pour faire disparaître les franges dans telle ou telle région du spectre.

Le calcul est le même que pour le spectrophotomètre de Glan. Avant l'interposition d'une substance absorbante, on a placé une auge à deux compartiments pleine d'eau; lorsque les franges disparaissent dans la partie commune, on a

$$I \, a \, \sin^2 \alpha = I \, a' \, \cos^2 \alpha.$$

On place maintenant devant la fente la même auge contenant de l'eau dans son compartiment inférieur, et une solution colorée dans le compartiment supérieur; les franges apparaissent tout le long de la partie commune aux deux spectres, mais, en tournant le nicol antérieur, on parvient à les faire disparaître dans une région limitée du spectre

$$I_1 \, a \, \sin^2 \alpha' = I \, a' \, \cos^2 \alpha'.$$

en tournant d'un angle différent h'', elles disparaissent dans une autre région du spectre

$$\frac{I_1}{I} = \frac{\mathrm{tg}^2 \, \alpha}{\mathrm{tg}^2 \, \alpha'}$$

Nous avons a' c'est-à-dire $a = 45°$, et par conséquent

$$I_1 = I \cot^2 \alpha' \text{ ou } a^e = \cot^2 \alpha'.$$

Calcul :

$$I_1 = I' \cot^2 \alpha'.$$

(I_1 représente l'intensité de la lumière transmisse à travers la solution dans cette partie du spectre ; I' l'intensité transmise à travers l'eau).

Il faut un angle de rotation a'' pour faire disparaître les franges dans une autre région ; ce qui donne :

$$I_2 = I'' \cot^2 a''.$$

(I_2, représente l'intensité de la lumière transmise à travers la solution dans cette autre région du spectre ; I'' intensité transmise à travers l'eau). De là, admettant la loi d'absorption on aura :

$$a_1^e = \cot^2 a', \ a^{2e} = \cot^2 a''.$$

e représente l'épaisseur de la solution ; a_1, a_2 sont les coefficients d'absorption dans les deux régions du spectre, où l'on a fait successivement disparaître les franges.

Le grand avantage du spectrophotomètre tient à ce qu'il fournit deux limites de l'angle de rotation du nicol : avant que les franges aient disparu dans la partie commune, les franges que l'on aperçoit sont en prolongement des franges de l'un des spectres, après la disparition, quand elles commencent à réapparaître, ce sont des franges en prolongement de l'autre spectre qui se présentent. Dans le premier cas, l'influence de la lumière transmise par l'un des compartiments l'emportait ; dans le deuxième cas, c'est l'influence de la lumière transmise par l'autre compartiment. L'angle cherché pour le nicol est compris entre les deux angles correspondant à une faible apparition de ces deux systèmes de franges dans la partie commune.

Pour régler l'appareil on commence par opérer en l'absence du nicol antérieur, on éclaire la fente avec la flamme d'un bec Bunsen chargée de sel marin, et on tourne le wollaston, de façon à amener en prolongement des raies D les deux spectres de la fente; on éclaire alors de nouveau avec le bec oxhydrique, et on oriente le quartz et le nicol du polariscope, de façon à obtenir des franges ayant le maximum d'éclat (quartz à 45°); on met ces franges au point avec la lunette. Une vis tangente qui commande le wollaston permet alors de le faire tourner très légèrement, de façon à faire disparaître les franges dans la partie commune des deux spectres. Si les franges ne disparaissent pas, cela peut tenir à ce que la fente n'est pas également éclairée dans toute sa hauteur; on ne doit pas oublier en effet que c'est la partie inférieure de l'une des images et la partie supérieure de l'autre, qui se superposent. Il suffit de faire mouvoir verticalement la source lumineuse, pour obtenir la disparition complète. C'est alors seulement que le nicol antérieur est placé, et, si on le tourne pour obtenir de nouveau la disparition des franges, on voit que la section principale du nicol est à 45° de celle du wollaston.

Dans certains cas au lieu de placer devant la fente une cuve à deux compartiments de même épaisseur, et de faire varier au moyen d'un nicol les proportions de lumière qui doivent former les deux images polarisées à angle droit fournies par le wollaston, nous avons fait usage d'une disposition un peu différente. En avant de la fente verticale qui laisse passer la lumière, était

placé un appareil formé de deux cuves prismatiques superposées, à arête réfringente verticale; chacune de ces cuves
peut être déplacée dans le sens horizontal par une vis micro-
métrique; dans son mouvement, elle entraîne une graduation
en millimètres, dont les divisions viennent se placer en prolongement d'un repère fixe; quand les zéros des deux gra-
duations sont en face des repères, les épaisseurs des deux
couches liquides contenues dans les cuves sont égales sur une
ligne verticale quelconque, et en particulier sur celle qui
correspond à la fente du collimateur. Chacune des deux cuves
prismatiques est achromatisée par un prisme de verre, qui
forme une des deux faces principales.

Soient les deux repères au zéro : si les deux cuves sont
remplies de liquides inégalement colorés, la quantité de
lumière qui traversera des épaisseurs égales des deux solutions
sera différente, et il faudra déplacer l'une des cuves pour
établir l'égalité d'éclairement des deux parties de la fente. Si
les substances colorantes des deux spectres sont distinctes, on
ne fera disparaître les franges que dans une plage du spectre.
Si les substances colorantes sont identiques, les franges dis-
paraîtront tout le long du spectre.

Quand on fait usage de cet appareil à cuves prismatiques,
on supprime le nicol qui précède le wollaston.

L'épaisseur du liquide, traversé en chacun des points d'une
des cuves prismatiques était déduite d'un calcul simple effectué
à l'aide des dimensions de cette cuve. Chaque division corres-
pondait à un accroissement d'épaisseur égal à $0^{mm},184$; elle
est la même pour les deux cuves, dont les zéros sont en face
des repères; puis on déplace la cuve supérieure de n divisions,
pour faire disparaître les franges; on commence par amener

devant la fente une épaisseur connu correspondant à un trait marqué sur la cuve supérieur : cette épaisseur a $2^{mm},44$ on déplace ensuite une des cuves de n division pour faire disparaître les franges; alors l'épaisseur $2^{mm},44$ pour le liquide supérieur et l'épaisseur $2^{mm},44 + n \times 0^{mm},184$ pour le liquide inférieur, sont des épaisseurs produisant la même absorption ou des épaisseurs équivalentes. Les quantités de matière colorante contenues dans le même volume sont, pour les deux solutions, en raison inverse de ces épaisseurs.

Les solutions de sang introduites dans ces cuves varient de $\frac{1}{20}$ à $\frac{1}{40}$; 20 centimètres cubes suffisent pour en opérer le remplissage, de telle sorte qu'il ne fallait qu'un centimètre cube de sang défibriné.

EXPÉRIENCE

La loi d'absorption pour un liquide coloré est bien connue, elle est donnée par la formule

$$I_1 = I\, a^e \qquad a < 1$$

a varie avec la couleur et est le coefficient d'absorption inférieur à l'unité.

e épaisseur du liquide.

Pour la vérifier dans le cas actuel, nous avons employé deux cuves à deux compartiments, l'une de 10^{mm} d'épaisseur et l'autre de 22^{mm}; on introduisait la même solution dans les deux cavités inférieures contenant de l'eau; soit a l'angle de rotation du nicol pour l'absorption par l'épaisseur de 10^{mm}, α' l'angle pour l'absorption par l'épaisseur de 22^{mm}.

$$a^{10} = Cot^2\,\alpha \qquad a^{22} = Cot^2\,\alpha'.$$

d'où :

$$10 \; Log.\; a = 2\,Log.\; Cot^2\,\alpha.$$
$$22 \; Log.\; a = 2\,Log.\; Cot^2\,\alpha'.$$

et

$$\frac{10}{22} = \frac{Log.\; Cot\,\alpha}{Log.\; Cot\,\alpha'}.$$

Voici un exemple du calcul de transformation. Expérience faite avec le spectrophotomètre à faisceaux superposés.

La solution titrée d'hémoglobine étendue au $\frac{1}{20}$, et contenue dans le compartiment supérieur de la cuve cloisonnée de 10^{mm} d'épaisseur, donne, pour la bande noire d'absorption contiguë au vert, une absorption telle, qu'il faut tourner le nicol de 60° pour établir l'égalité avec la partie correspondante du spectre, provenant de la transmission à travers l'eau pure.

D'autre part, une solution au $\frac{1}{200}$ du sang d'un chien, contenue dans le même compartiment supérieur de la cuve de 10^{mm}, exigeait pour le même effet une rotation de 68°54′ du nicol.

Désignons par ε et e les épaisseurs des couches de matière colorante, de même concentration, qui produiraient les absorptions observées ; ε se rapportant à la solution d'hémoglobine, e au sang de chien ; on a :

$$a^{\varepsilon} = Cot^2\,60°$$
$$a^{e} = Cot^2\,68°54'.$$

a est le coefficient d'absorption pour la région de la bande noire de la matière colorante commune aux deux solutions.

On déduit de là :

$$\frac{e}{\varepsilon} = \frac{\text{Log. Cot. } 68°54'}{\text{Log. Cot. } 60°} = \frac{0,41356}{0,23856} = 1,73.$$

Si le sang de chien avait été étendu au $\frac{1}{20}$, comme la solution d'hémoglobine au lieu de l'être au $\frac{1}{200}$, il aurait, produit l'effet d'une couche ayant une épaisseur égale à $0^m,10$, ou égale par conséquent à $17,3\varepsilon$.

A même volume le sang de chien contient donc 17,3 fois autant de matière colorante que la solution d'hémoglobine.

Le sang de ce chien contenait donc pour 10 centimètres cubes de sang 8 centigr., 5×1 centigr., 73 d'hémoglobine cristallisée pure, ou $1^{gr},47$, soit 147 grammes par litre.

Pour des mesures qui ont été faites avec des solutions au $\frac{1}{200}$, on formera $\frac{c}{\varepsilon} = \frac{\text{Log. Cot. } a}{\text{Log. Cot. } 60°}$ et on multipliera le quotient obtenu par $10 \times 8, 5$, ou 85. On aura la richesse en centigrammes par 10^{cc} de sang.

DURÉE DE LA CONSERVATION DU SANG POUR LES MESURES

OPTIQUES

Pour une température un peu supérieure à 0°, quand il fait froid, ou pour conserver du sang destiné à cet usage pendant cinq à six jours, le sang étant renfermé dans un flacon et abandonné au dehors. On en fait une solution (5^{cc} de sang étendue à un litre.)

Les solutions gelées et dégelées ne présentent pas de variations notables. A une température de 15°, l'altération commence après 10 heures.

Quand il s'est produit des altérations, l'absorption augmente d'ordinaire dans l'espace intermédiaire et diminue dans les bandes noires. C'est l'absorption dans la région des bandes noires qui se **maintient le plus longtemps constante. Le** coefficient d'absorption est le même **pour les deux bandes** noires, mais c'est dans la bande la plus large, c'est-à-dire dans celle qui confine au vert, que la recherche des franges est le plus commode.

Encore un exemple de calcul. Dans une hémorrhagie de 400^{cc}, les 10 premiers cent. cub. ont donné un angle du nicol égal à 57°,36′, les 20 derniers, un angle de 57°,30′.

Calculons les quantités de matière colorante (la solution titrée étant 10^{cc} = 0^{gr},085 d'hémoglobine pure).

$$\frac{e}{\varepsilon} = \frac{\text{Log. Cot. } 57° 36'}{\text{Log. Cot. } 60°} = \frac{0,19749}{0,23856} = 0,83.$$

$$\frac{e'}{\varepsilon} = \frac{\text{Log. Cot. } 57° 36'}{\text{Log. Cot. } 60°} = \frac{0,19581}{0,23856} = 0,82.$$

$$0,83 \times 85 = 70,55.$$
$$0,82 \times 85 = 69,70.$$

Les poids d'hémoglobine contenus dans 10^{cc} de sang seront 0^{gr},7055 et 0^{gr},6970. Soit pour un litre 70^{gr},55 et 69^{gr},70.

SECONDE PARTIE

APPLICATION A LA PHYSIOLOGIE ET A LA PATHOLOGIE

§ 1. Faits physiologiques

A. — INJECTION D'EAU DANS LES VEINES

Depuis Magendie, à différentes époques, on a essayé de faire
entrer dans la thérapeutique médicale les injections d'eau dans
les veines. Avant d'entreprendre une pareille tentative, nous
croyons indispensable de savoir ce que l'on fait, c'est-à-dire d'en
connaître exactement l'action physiologique; afin d'atteindre ce
but, nous avons étudié les modifications des principales fonctions;
nous en ferons bientôt connaître les résultats; pour le moment,
nous indiquerons seulement un phénomène intéressant, qui
se manifeste après le passage de l'eau dans les veines.

A la suite du passage de l'eau dans le sang, il se produit
une dilution qui dure quelques heures à peine; l'eau augmente,
les matériaux solides diminuent ainsi que l'hémoglobine; à
cette action toute physique, on voit succéder un *phénomène de
concentration* (nous ne pensons pas qu'il s'agisse là de régénération) : dans un même volume de sang l'eau diminue, les
matériaux solides et l'hémoglobine augmentent pour atteindre
parfois et même dépasser le chiffre noté avant l'injection;
enfin, troisième phase, 15 à 20 heures après, les matériaux

solides, l'hémoglobine décroissent et restent au-dessous du chiffre normal. Il se produit donc des oscillations, des variations dans la constitution du sang, qu'il était difficile de prévoir. — Le rein, la peau jouent un grand rôle dans ces phénomènes. En même temps, des troubles nutritifs se manifestent.

La preuve de ces oscillations nous est fournie par les expériences suivantes, qui ont été faites sur des chiens robustes : la température de l'eau injectée était de 37 à 39°; les prises de sang ont été de 5 centimètres cubes chaque fois; de cette manière la petite hémorrhagie n'avait par elle-même aucune influence sur la constitution du sang.

1re EXPÉRIENCE (13 avril). — Injection de 400 gr. d'eau à 38°7 dans les veines d'un chien noir, moyenne taille, du poids de 14^k,500, t. r. 38°4.

Matériaux solides pour 1000 grammes de sang.

1re prise avant l'injection......	191^{gr},8	
2e — (une demi-heure après).	180 »	
3e — (7 heures après)......	214^{gr},8	(phén. de concentration très net.)
4e — (le lendemain à 11 h.).	191 »	

2e EXPÉRIENCE (2 juin). — Injection de 125^{cc} de sérum artificiel dans les veines d'un chien noir et blanc de 16^k,200.

Matériaux solides pour 1000 grammes de sang.

1re prise avant l'injection......	236^{gr},9	
2e — (20 minutes après)....	215	
3e — (5 heures après).. ...	245	(concentration)
— (3 jours après)........	237^{gr},9	

Le fait de concentration est ici encore plus net qu'avec l'eau distillée pure : on comprendra sans peine les applications qui peuvent en être faites aux dosages de la masse totale du sang.

3ᵉ Expérience (15 juin). — Injection d'eau dans les veines. — Dosage de l'hémoglobine par la méthode photométrique.

	Hémoglobine pour 1000 gr. de sang.	Rotation du Nicol.
1ʳᵉ prise de sang avant l'inject...	128ᵍʳ,35	66°,30
2ᵉ — 1/2 h. après inj. d'eau.	124ᵍʳ,95	66°
3ᵉ — 2 h. 1/2 après........	140ᵍʳ,25 (concentration)	68°
4ᵉ — 22 heures après.......	115ᵍʳ,60	64°,36

4ᵉ Expérience (4 avril). — On injecte dans les veines crurales d'un chien 200ᶜᶜ d'eau distillée à 37° : on prend 5ᶜᶜ de sang dans l'artère crurale à des intervalles déterminés.

	Matériaux solides pour 1000 grammes de sang.	Hémoglobine pour 1000 gr. de sang dosée par la décolorimétrie.
1ʳᵉ prise avant l'injection d'eau.	240ᵍʳ,4	154 gr.
2ᵉ — (2 m. après l'inj. d'eau.	231ᵍʳ,6	151
3ᵉ — (dix minutes après)...	231ᵍʳ,6	137
4ᵉ — (2 h. 1/2 après)......	235ᵍʳ,6 (légère concentr.)	140
5ᵉ — (le lendemain).......	231ᵍʳ,6	136

5ᵉ Expérience. — Le 9 avril on injecte 275 centim. cub. d'eau distillée dans les veines du même animal.

6ᵉ prise avant l'injection,......	208ᵍʳ,4
7ᵉ — (dix minutes après)....	187ᵍʳ,4
8ᵉ — (trois heures après)....	206 (concentration).

Il est facile de voir que, dans ces conditions, le phénomène est constant. C'est une expérience qu'on réussit à coup sûr.

B. — RÉGÉNÉRATION DE L'HÉMOGLOBINE APRÈS UNE HÉMORRHAGIE DE 420 CENTIM. CUB. EN DEUX JOURS

A un chien de 14 kilogrammes, ayant 170 grammes d'hémoglobine pour 1000 grammes de sang, on pratique une saignée de 250^{cc}; quelques heures après, on trouve 159 grammes d'hémoglobine dosée par la spectrophotométrie.

Le lendemain, on pratique une nouvelle saignée de 170^{cc}, on note 134 grammes d'hémoglobine.

A partir de ce moment, le chien se nourrit bien et ne paraît nullement souffrir; la petite plaie inguinale de la saignée se cicatrise graduellement.

Le 5ᵉ jour après la saignée			166
Le 6ᵉ	—	—	147
Le 7ᵉ	—	—	115
Le 8ᵉ	—	—	161

Ainsi, huit jours après l'hémorrhagie, la régénération *n'était pas complète*, mais il est facile de voir que cette régénération ne suit pas une courbe régulière; qu'il se produit encore ici des phénomènes de concentration, de dilution par suite des échanges dans la profondeur des tissus. Ce n'est guère qu'après 8 à 10 jours que ces oscillations cessent d'exister.

C. — SECTION DE LA MOELLE CERVICALE. — VARIATION DE L'HÉMOGLOBINE

Le 15 juin, à 6 heures 1/2 du soir, on pratique la section de la moelle à un chien; une incision est faite sur la ligne médiane avec certaine lenteur, on arrête l'hémorrhagie au fur et à mesure, et l'on arrive ainsi jusque sur les apophyses épineuses, il est alors facile de sentir la proéminente ainsi que l'espace interapophysaire qui la sépare de l'apophyse sous-jacente : à ce moment on introduit dans cet espace le tue-chien ordinaire, que l'on enfonce jusqu'à lamoelle. On fait exécuter à l'instrument quelques mouvements de latéralité pour sectionner le cordon nerveux : immédiatement on détermine quelques mouvements convulsifs et la paraplégie est produite t. r. 39° 7.

Le matin, la température est de 23 degrés.

L'hémoglobine, avant la section, était à 145 grammes pour 1,000 grammes de sang ; trente heures après la section, elle était descendue à 125 grammes : cette diminution ne saurait être mise sur le compte de la légère hémorrhagie.

MÊME EXPÉRIENCE RÉPÉTÉE SUR UN AUTRE CHIEN

Le 17 juin, à 7 heures du soir, nous sectionnons la moelle cervicale d'après le procédé indiqué plus haut ; l'animal devient paraplégique après quelques secousses convulsives.

t. r. le soir même avant la section.................	39°5
20 minutes après.....................................	39°4
Avant la section l'hémoglobine est à..........	152 gr.
Le lendemain matin...................................	142

Il semblerait donc résulter de ces expériences qu'avec le ralentissement du mouvement nutritif, l'hémoglobine diminue de quantité dans le torrent circulatoire.

§ II. — Faits pathologiques

A. — HÉMOGLOBINE DANS LE CANCER DE L'ESTOMAC

Nous avons démontré ailleurs l'abaissement du chiffre de l'hémoglobine dans le cancer de l'estomac ; des causes multiples peuvent faire varier ce chiffre : l'inanition, l'hémorrhagie et le cancer par lui-même sont des causes fréquentes, qui s'associent souvent ; quelquefois cependant l'hémorrhagie est nulle, l'inanition est légère, il ne reste plus comme cause prédominante que le cancer même : c'est le cas de l'observation Ire, du moins à la phase ou l'hémoglobine a été dosée.

A l'aide de nos méthodes perfectionnées, nous trouvons 55 grammes par 1000 grammes, à l'époque de la décoloration des téguments.

OBSERVATION I. — Cancer de l'estomac.

Sallen..., âgée de soixante-dix ans, est entrée à l'Infirmerie des Ménages, le 12 janvier 1882, salle Léger, n° 5.

Cette femme, qui n'a jamais eu de grossesse, avait éprouvé vers l'âge de trente-trois ans quelques phénomènes bronchitiques sans gravité. — Depuis quinze ans environ, elle se plaint d'une dyspepsie gastralgique, sans vomissements et qui ne l'empêchait pas de s'alimenter, puisqu'elle avait peu diminué de poids.

Elle est surtout souffrante depuis dix-huit mois. —Les douleurs épigastriques sont plus vives, la digestion est plus difficile, l'amaigrissement est notable, les vomissements ont été peu nombreux et en ce moment on constate une teinte jaune paille caractéristique avec cachexie nette. — Les sensations pénibles sont des douleurs constrictives à la base du thorax. — La palpation fait reconnaître : 1° une tumeur sous-ombilicale du volume d'une pomme d'api, douloureuse à la pression ; 2° un bruit de flot stomacal par la succussion.

Jamais de vomissements noirs ni de mélæna ; depuis quelques jours légère diarrhée ; — quelques vomissements de temps à autre. — L'alimentation est très imparfaite depuis une quinzaine de jours.

L'hémoglobine dosée par la spectrophotométrie est de 55gr,25, la rotation du nicol est de 54°12′, la décolorimétrie donne 57gr,15 et par le plus grand volume d'oxygène on obtient 51 grammes.

Dans ce cas la diminution est surtout produite par le carcinome, les effets de l'inanition sont beaucoup moins accentués.

B. — HÉMOGLOBINE DANS L'INSUFFISANCE TRICUSPIDE A RÉPÉTITION
AVEC EMPHYSÈME PULMONAIRE

Ici encore nous trouvons un abaissement de l'hématocristalline, mais les chiffres ne sont plus comparables avec ceux que l'on rencontre dans le cancer.

Nous notons, dans l'observation II, le nombre 88 grammes au lieu de 140 grammes ; — de plus, il s'agit dans ce cas d'une insuffisance récidivante avec foie et reins cardiaques. Dans les cas aigus de cœur forcé, l'altération de l'hémoglobine est faible.

OBSERVATION II. — Insuffisance tricuspide consécutive à un emphysème
pulmonaire ancien.

Le nommé Coff..., âgé de soixante-quatorze ans, est entré le 8 juin à l'Infirmerie des Ménages, salle Labric, n° 24.

Cet homme a de la dyspnée depuis vingt ans. On constate les saillies classiques de l'emphysème pulmonaire ; la respiration est affaiblie, généralisée et humée, coïncidant avec une sonorité tympanique.

La face est bouffie, cyanosée, avec une teinte subictérique, la respiration est gênée, les veines du cou sont tuméfiées, dilatées et animées de battements qui coïncident exactement avec la systole ventriculaire, partant indiquent une insuffisance tricuspide : les battements du cœur sont faibles, irréguliers, inégaux, on n'entend pas de bruit de souffle. L'auscultation pulmonaire fait constater l'existence de râles sonores disséminés et de quelques râles sous-crépitants aux deux bases (bronchite et congestion œdèmateuse). Anasarque surtout accentué aux membres inférieurs. Le foie est douloureux à la pression, dépasse de deux travers de doigt les fausses côtes. Pas d'albumine dans les urines.

A différentes reprises, Coff..., est entré à l'infirmerie pour des insuffisances tricuspides transitoires. Il a fort appétit en temps ordinaire, en ce moment même il demande encore à manger et trouve que le régime lacté est insuffisant.

Lait, un litre, — 200 grammes de viande. Les fonctions digestives se font assez bien.

L'hémoglobine dosée par la spectrophotométrie donne 88 grammes par 1000, au lieu de 140, chiffre normal, — la rotation du nicol étant 60° 30', la décolorimétrie donne 90 grammes et l'hydrosulfite 82 grammes.

Cette altération de l'hémato-cristalline est surtout due à l'affection cardiaque, qui amène des troubles fonctionnels sérieux et dans l'hématopoièse du foie et dans tous les organes.

C. — HÉMOGLOBINE DANS L'ATHÉROME ARTÉRIEL

L'hémoglobine subit fort peu de diminution, bien que dans l'observation III nous ayons en même temps une pneumonie qui diminue un peu l'hémoglobine ; néanmoins nous trouvons un chiffre élevé : il est probable que la normale, chez cette femme, était de 145 à 150 grammes pour 1,000 grammes.

De même dans l'observation IV, l'abaissement est peu important.

OBSERVATION III. — Athérome aortique sus-sygmoïdien et de la partie postérieure de l'anneau mitral (valvules un peu épaissies) sans rétrécissement ni insuffisance. — Pneumonie au 2ᵉ degré dans le lobe inférieur gauche.

Veuve Rob..., âgée de soixante-dix-neuf ans, est entrée à l'Infirmerie des Ménages le 26 mai 1882, et couchée au n° 7 de la salle Léger.

Elle était assez bien portante jusqu'au 25 mai, elle allait et venait, mangeait un peu, ayant maigri dans ces derniers temps ; à cette époque elle remarqua en se levant des pétéchies sur les deux tiers inférieurs des jambes, qui lui semblaient lourdes : c'est ce qui la décida d'entrer à l'infirmerie. Le pouls présente des irrégularités ; à la pointe du cœur on entend un léger souffle, et le deuxième bruit à la base est également soufflant, le cœur est légèrement hypertrophié ; pas d'albumine dans les urines. La respiration est un peu accélérée ; on constate des râles sous-crépitants, assez nombreux à gauche, avec un léger degré de submatité, et expiration soufflante (pneumonie aiguë). — Les jours suivants, cette lésion pulmonaire s'accompagne d'un état adynamique grave avec incontinence des urines et des fèces, et une température normale de 37° 4. Enfin la malade succombe le 11 juin.

L'hémoglobine dosée par la spectrophotométrie est de 138 grammes pour 1000, la rotation du nicol étant 67°48′ ; la décolométrie donne 140 grammes et l'hydrosulfite 134 grammes.

A l'autopsie on voit l'athérome aortique ; l'hépatisation au second degré, occupe le lobe inférieur du poumon gauche.

En présence de cette femme présentant de l'amaigrissement, des pétéchies, on pouvait croire à quelque lésion organique latente, le dosage de l'hémoglobine nous démontrait qu'il n'en était rien, puisque le chiffre était normal, et partant, que cette femme devait être en assez bonne santé au moment où elle a été prise de pneumonie, laquelle a produit une gêne circulatoire, un excès de pression dans les petits vaisseaux fragiles de la peau et une extravation sanguine.

OBSERVATION IV. — Lésion athéromateuse de la base de l'aorte.
Embolie cérébrale.

Veuve Quis..., âgée de quatre-vingt-quatre ans, est entrée à l'Infirmerie des Ménages, le 16 juin, et couchée au lit n° 24, salle Saint-Léger.

Il y a un an, elle a été atteinte d'une attaque de ramollissement cérébral avec hémiplégie incomplète à gauche ; depuis lors elle a eu étourdissements. On notait à cette époque un souffle systolique à la base ; elle s'alimentait assez bien.

Avant-hier, nouvelle attaque avec perte de connaissance, hébétude complète ; le lendemain elle répondait aux questions qu'on lui adressait, avec une certaine difficulté, on constatait de plus un œdème douloureux, unilatéral, sans abaissement de température, occupant le membre inférieur droit, en ces points la peau était un peu jaune bleuâtre ; au niveau des malléoles, l'artère poplitée est animée de battements, mais on ne sent pas la pédieuse, pas d'œdème du côté opposé. Les battements du cœur sont très irréguliers, très inégaux, il existe une véritable ataxie. Aux deux bases des poumons on entend des râles sous-crépitants assez nombreux.

Chez cette femme, il s'était donc fait des embolies dans les artères cérébrales et dans les artères de la jambe droite. L'œdème ne saurait avoir une origine asystolique.

CHAPITRE IV

RECHERCHES DE PHYSIOLOGIE PATHOLOGIQUE SUR LA RESPIRATION,
PAR GRÉHANT ET QUINQUAUD

A l'aide de procédés divers, des observateurs éminents ont étudié des phénomènes de la respiration à l'état physiologique et à l'état pathologique : sur bien des points les résultats sont contradictoires; c'est ce qui nous a engagé à entreprendre une série des recherches sur la mesure exacte de l'exhalation pulmonaire de l'acide carbonique, en nous servant constamment du même procédé toutes les conditions étant semblables, nous en faisons varier une seule à la fois et la variante porte sur des états physiologiques ou pathologiques de l'homme ou des animaux, nous déterminons avec grand soin l'exhalation normale pendant plusieurs jours et à différentes reprises, puis nous produisons expérimentalement divers états morbides dans lesquels nous apprécions avec la balance la quantité d'acide carbonique exhalé chez l'homme. Comme nous n'assistons point au début de l'affection; lorsque la chose est possible, nous dosons l'acide carbonique dans la convalescence et après le rétablissement complet de la santé.

Les sujets soumis à l'expérimentation sont pesés avec soin, nous notons leur âge, leur santé habituelle, la durée et le nombre des respirations, ainsi que la température centrale.

Le procédé de dosage physico-chimique consiste à faire circuler à travers les poumons un volume connu d'air, à recueillir l'air expiré, à en déterminer le volume et à peser l'acide carbonique que cet air renferme.

Dans ce travail nous étudierons quelle est l'influence exercée sur l'exhalation pulmonaire de l'acide carbonique par des lésions locales produites expérimentalement dans les poumons chez les animaux; nous avons commencé la comparaison des résultats acquis par l'expérimentation à ceux qui ont été fournis par des malades atteints de lésions spontanées analogues ou identiques à celles qui ont été obtenues artificiellement.

Avant de publier *in extenso* les expériences et les observations que nous avons faites, il est nécessaire d'indiquer les modifications que nous avons apportées au procédé décrit par l'un de nous et appliqué d'abord à l'étude des changements qui ont lieu dans la quantité d'acide carbonique exhalé par l'addition d'acide carbonique à l'air inspiré et par l'inflammation produite par des gaz irritants dans toute l'étendue de la muqueuse pulmonaire [1].

1. Recherches comparatives sur l'exhalation de l'acide carbonique par les poumons, et sur les variations de cette fonction par Gréhant (*Journal de l'anatomie et de la physiologie* de MM. Robin et Pouchet, t. xvi, juillet 1880).

TECHNIQUE EXPÉRIMENTALE. — EXPOSÉ SUCCINCT DE LA MÉTHODE

Nous avons employé chez le chien une muselière de caoutchouc fixée à un tube en T dont les deux branches communiquent avec deux flacons ou soupapes de Muller à eau : l'un servant à l'inspiration, l'autre à l'expiration; deux ballons de caoutchouc munis de robinets à trois voies sont rattachés aux soupapes, le premier renferme un volume d'air mesuré au compteur à gaz, le second destiné à contenir l'air expiré, les deux ballons ayant été préalablement vidés, à l'aide d'une trompe à eau, de l'air qu'ils contenaient.

VÉRIFICATION DU COMPTEUR

Pour être sûrs de l'exactitude des mesures faites avec le compteur à gaz construit de telle sorte que sur un cadran ayant 22 centimètres de diamètre, une longue aiguille marque les litres de 0 à 50 litres, nous avons fait construire par Alvergniat un manchon cylindrique de verre se terminant à la partie supérieure et à la partie inférieure par un col rétréci, le volume compris entre deux traits marqués sur les cols est exactement 5 litres; la pesée de l'eau a donné 5 kilogrammes, nous avons fixé sur le col supérieur un robinet à trois voies mis en communication par un tube de caoutchouc avec l'orifice d'entrée du compteur; le manchon jaugé étant plein d'air, on tourne le robinet de manière à envoyer l'air dans le compteur par immersion du manchon dans l'eau jusqu'au trait d'affleurement supérieur; voici le tableau des résultats obtenus :

Volumes introduits dans le compteur.	Volumes indiqués par l'aiguille du compteur.	Différence.
0'	0.0	5.4
5	5.4	5.5
10	10.9	5.25
15	16.15	5.15
20	21.30	5.1
25	26.40	5.15
50	31.55	5.15
35	36.70	5.15
40	41.40	4.7
45	46.40	5
50	51.20	4.8

Donc 51 litres 2 du compteur font exactement 50 litres, et 25 litres 6 du compteur font 25 litres. On peut conclure de ces nombres que le compteur mesure les volumes des gaz d'une manière suffisamment exacte.

DOSAGE DE L'ACIDE CARBONIQUE EXHALÉ

Nous avons été conduits à modifier l'appareil employe pour le dosage en poids de l'acide carbonique en supprimant les tubes en V à pierre ponce imbibée d'acide sulfurique qui présentent quelques inconvénients : quand on fait passer à plusieurs reprises 50 litres d'air expiré saturé d'humidité à travers ces tubes, le pouvoir absorbant de l'acide est bientôt affaibli, ce qui oblige à renouveler fréquemment l'acide; nous avons reconnu qu'il est bien préférable d'employer pour retenir la vapeur d'eau des flacons barboteurs d'Alvergniat à col rodé (flacons de Woolf modifiés avec tubes de Durand) qui

peuvent recevoir chacun 500 à 600 grammes d'acide sulfurique pur bouilli.

On prend **deux flacons** pour absorber la vapeur d'eau contenue dans l'air expiré, puis deux barboteurs à solution concentrée de potasse, enfin un dernier barboteur à acide sulfurique destiné à retenir la vapeur d'eau enlevée à la solution
alcaline ; l'expérience a montré que ce dernier flacon augmente
en général d'un poids égal à la moitié de l'augmentation de
poids de deux premiers flacons, ce qui démontre que la tension
de la vapeur d'eau émise par la solution alcaline est environ
moitié de la tension maxima de la vapeur d'eau à la même
température.

Les cinq flacons sont réunis par des tubes de caoutchouc
assujettis par des fils fortement serrés.

A l'aide d'une trompe et d'un régulateur d'aspiration à
mercure on fait circuler à travers l'appareil, et bulle à bulle,
l'air contenu dans le ballon de caoutchouc qui renferme les
50 litres d'air expiré ; le barbotage établi dans la soirée dure
généralement toute la nuit et ne se termine souvent que dans
l'après-midi du lendemain.

Lorsque le ballon est tout à fait vidé, pour éviter une diminution trop grande de la pression dans l'appareil on fait
rentrer l'air extérieur d'une manière très simple : le robinet à trois voies, qui est fixé au col du ballon de caoutchouc,
est uni par un tube à une éprouvette à pied contenant de
l'acide sulfurique et disposée comme une soupape de Muller ; l'air extérieur rentre bulle à bulle à travers l'acide, déplace les gaz contenus dans les premiers flacons et les force
à traverser la solution de potasse qui absorbe l'acide carbonique.

Danger de l'absorption. — L'appareil ainsi disposé présente un danger : lorsqu'on le démonte pour faire les pesées, il faut avoir soin de laisser marcher la trompe et de détacher les flacons absorbants en commençant par ceux qui sont les plus éloignés de la trompe, car si l'on opère autrement, c'est-à-dire si on détache d'abord le tube qui mène à la trompe, la pression atmosphérique fait aussitôt passer l'acide sulfurique du cinquième flacon dans la potasse du quatrième et la potasse du troisième flacon dans l'acide du deuxième, d'où résulte aussitôt une explosion d'un ou de plusieurs flacons avec projection d'acide et de potasse, explosion dont nous avons été témoin, et dont nous avons pu heureusement nous mettre à l'abri. Pour éviter un pareil accident qui se produirait également si l'eau venait à manquer à la trompe, nous avons intercalé entre les flacons à potasse et ceux à acide sulfurique un long tube de verre recourbé en U dont les branches ont chacune 60 centimètres environ, la partie courbée du tube étant tournée vers le haut. Si malgré les précautions que nous avons indiquées, on démontait l'appareil de manière que l'absorption ait lieu, la colonne d'acide sulfurique ou de potasse pourrait monter dans le tube en U tenu verticalement, mais ne pourrait atteindre le flacon précédent.

PESÉE DES BARBOTEURS

Nous avons employé pour faire les pesées une grande balance de Deleuil qui permet d'obtenir le poids de 5 kilogrammes à moins d'un centigramme ; nous avons toujours opéré par double pesée. En pesant ensemble les deux flacons à potasse et le flacon desséchant qui les suit avant et après le passage de l'air du ballon, on obtient le poids d'acide carbonique exhalé.

MESURE DU VOLUME DE GAZ EXPIRÉ CHEZ L'ANIMAL

Pour recueillir l'air expiré par un chien, nous appliquons sur le museau de l'animal une muselière de caoutchouc résistant, par-dessus laquelle on enroule une corde qui est nouée sous la mâchoire inférieure, puis derrière l'occiput pour y fixer des bandes de caoutchouc partant du bord de la muselière ; en outre on recouvre celle-ci de trois ou quatre anneaux circulaires de caoutchouc qui par leur élasticité complètent la fermeture. — Nous avons voulu nous rendre compte de l'exactitude de cette occlusion par l'expérience suivante : Nous faisons circuler à travers les poumons d'un chien par la muselière ainsi appliquée 25 litres d'air mesurés exactement (25 litres 6 du compteur), le second ballon de caoutchouc est rempli ; nous faisons passer de nouveau l'air expiré à travers le compteur en unissant le ballon gonflé à l'orifice d'entrée de cet instrument et l'orifice de sortie au tuyau d'aspiration d'une trompe ; nous voyons que le compteur marque 24 litres 3, volume qui correspond à 23 litres 7. Ainsi l'air expiré qui a été refroidi par l'eau de soupape d'expiration, par l'eau du compteur et par le milieu ambiant, qui a perdu de l'oxygène et reçu de l'acide carbonique dans les poumons offre une diminution de volume sensible égale à 1 litre 3. Cette mesure au compteur du volume d'air expiré n'est plus possible lorsqu'il s'agit de doser l'acide carbonique, car l'eau du compteur et de la trompe absorberait presque entièrement ce gaz, aussi nous avons substitué à ce procédé de mesure celui qui a été imaginé par Gréhant pour mesurer le volume des poumons avec l'hydrogène.

La même expérience fut répétée et dans le gaz expiré on introduisit 3 litres d'hydrogène pur et 1 litre 100 du mélange homogène obtenu par l'agitation des parois du ballon furent prélevés pour l'analyse eudiométrique que nous allons décrire dans tous ses détails : Dans un tube gradué plein d'eau 83 cent. cub. 1 de gaz sont introduits ; on ajoute un morceau de potasse, on ferme le tube avec un bouchon de caoutchouc et l'on agite le gaz avec la solution alcaline : le volume se réduit à 81,6, il y avait encore $1^{cc}3$ d'acide carbonique, on fait passer dans un eudiomètre de Mitscherlich plein d'eau $46^{cc},4$ du gaz dépouillé d'acide carbonique ; après l'étincelle donnée par une bobine d'induction alimentée par trois éléments de pile à acide sulfurique et sulfate de mercure, on trouve 38,6 ; la réduction est 7,8 dont les deux tiers 5,2 représentent l'hydrogène ; on pose la proportion :

$$\frac{46,4}{5,2} = \frac{81,6}{n} \qquad \text{d'où } n = 9,155$$

Mais ce n'est pas le volume 81,6 dépouillé d'acide carbonique qui renfermait 9,145 d'hydrogène, c'est le volume primitif 83 cent. cub., et pour savoir quel est le volume total du mélange qui a reçu 3 litres d'hydrogène il suffit de résoudre la proportion :

$$\frac{83,1}{9,145} = \frac{y}{3^{\,lit.}}; \quad \text{d'où } y = 27^{lit},26$$

Retranchons de ce volume 3 litres d'hydrogène introduits

nous trouvons 24 litres 26, nombre peu différent de 23 litres 7, qui a été obtenu par la mesure directe du gaz expiré au compteur et qui montre quelle est l'exactitude du procédé de mesure par l'hydrogène.

MESURE DU VOLUME DES GAZ EXPIRÉS CHEZ L'HOMME

La mesure par l'hydrogène du volume des gaz expirés ne s'oppose nullement au dosage de l'acide carbonique par la pesée des flacons absorbants, à la condition qu'on ait soin de faire rentrer de l'air pendant un quart d'heure environ, lorsque le ballon est complètement vidé, afin de chasser l'hydrogène qui allégerait les flacons barboteurs. La mesure du volume des gaz expirés, que l'on peut faire de temps en temps chez les animaux, est tout à fait indispensable lorsqu'il s'agit de doser l'acide carbonique dans les produits de la respiration de l'homme.

Malgré l'application sur le visage d'un masque de caoutchouc, construit sur nos indications par Galante, masque muni de verres à l'endroit des yeux, ce qui effraye moins les malades qu'un masque opaque. Malgré l'emploi de plusieurs circulaires d'une bande de caoutchouc appliquée autour de la tête, nous n'avons pas pu réussir jusqu'ici à obtenir la totalité des gaz expirés par les malades, mais nous avons chaque fois mesuré par l'hydrogène le volume d'air obtenu et rapporté par une proportion le poids d'acide carbonique à un volume d'air expiré égal à 50 litres.

Le masque est mis en communication avec les soupapes de Muller à l'aide d'un tube en verre et d'un tube en caoutchouc.

Nous exposerons les expériences que nous avons faites chez les animaux dans une première partie, et dans une seconde les déterminations que nous avons commencées chez les malades.

PREMIÈRE PARTIE

LÉSIONS EXPÉRIMENTALES CHEZ LES ANIMAUX. — DOSAGE
DE L'ACIDE CARBONIQUE EXHALÉ

a) *Broncho-pneumonie expérimentale chez le chien.* — Chez
un chien du poids de $18^k,300$, nous avons mesuré, par le procédé indiqué, le poids d'acide carbonique exhalé dans 50 litres
d'air inspiré et nous avons trouvé, dans une expérience qui a
duré 8′ 10″, $3^{gr}.035$ d'acide carbonique; une autre détermination, répétée quelques jours après sur le même animal, a
donné en 7′ 50″ $3^{gr}.051$ d'acide carbonique, nombre très voisin
du précédent.

5 décembre 1881. Après avoir découvert la trachée et coupé
un seul anneau cartilagineux, on introduit dans les poumons,
avec une longue sonde de gomme élastique, dont l'extrémité
dépassait le point de bifurcation de la trachée, 6^{cc} d'une solution
de nitrate d'argent à 1 pour 100; la gouttière sur laquelle
était fixé l'animal a été placée verticalement pendant l'injection,
qui ne produisit ni toux ni aucun phénomène même appré-
ciable; la température rectale fut trouvée égale à 40°; l'animal
détaché parut aussi bien portant qu'auparavant.

Le lendemain, 6 décembre, la température rectale était de
40°5; le poids diminué était de $16^k,545$; la respiration était très

accélérée, on put compter 84 inspirations et expirations par minute; en 5′ 10″ l'animal fit circuler dans ses poumons 50 litres d'air, qui, analysé ensuite, ne contenait plus que $1^{gr},845$ d'acide carbonique : il y eut donc une diminution très marquée $3^{gr},051 - 1^{gr},545$ à $1^{gr},506$; il est vrai que le temps mis par 50 litres d'air pour traverser les poumons a été moins grand, égal à 5′ 10″, au lieu de 7′ 50″; mais, pendant ce dernier temps, on trouve par de simples proportions qu'un volume d'air égal à 70 litres aurait circulé dans les poumons et aurait enlevé $2^{gr},28$ au lieu de $1^{gr},545$, c'est-à-dire un nombre encore bien inférieur au chiffre normal $3^{gr},051$, puisque la différence est $0^{gr},775$. Il est donc manifeste que la lésion produite par le nitrate d'argent a diminué le poids d'acide carbonique enlevé aux poumons.

Le 7 décembre, le chien paraît moins oppressé, il a mangé à midi; par l'auscultation on entend quelques râles sous-crépitants disséminés dans la poitrine, sans souffle; la température est de $40°2$, le poids est de $16^k 545$, la circulation de 50 litres d'air dans les poumons dure 5 minutes, et le poids d'acide carbonique exhalé a été trouvé égal à $1^{gr},648$; le nombre des inspirations était de 38 par minute.

Le 8 décembre, nouvelle mesure : le même volume d'air circule en 6′ 20″ et enlève aux poumons $2^{gr},032$; en même temps on a compté 28 inspirations par minute et la température était de $40°1$.

9 Décembre. Température rectale $39°4$; la plaie du cou est en suppuration, on trouve des râles sous-crépitants des deux côtés de la poitrine; l'animal fait entendre une toux rauque : $1^{gr},998$ d'acide carbonique a été enlevé au sang par 50 litres d'air en 6′ 10″.

10 Décembre. Température rectale 39°25, poids 17 ^{k},145, 21 inspirations par minute. Le poids d'acide carbonique augmente encore, il est égal à 2^{gr},445. Les râles sont beaucoup moins nombreux.

Enfin le 12 décembre, on trouve par l'auscultation la respiration normale, la température est de 37° 15, le poids de l'animal est 16 ^{k} 345, le poids d'acide carbonique exhalé est égal à 3^{gr},04 dans 50 litres d'air qui ont traversé l'appareil respiratoire en 8′ 7″, ce nombre est identique à celui qui a été trouvé le premier jour; le chien est donc revenu à l'état normal. En effet le lendemain on eut l'occasion de le tuer par section du bulbe, et l'autopsie faite avec grand soin, démontra qu'il n'existait pas trace d'altération broncho-pulmonaire.

PREMIÈRE SÉRIE D'EXPÉRIENCES

INJECTION DE NITRATE D'ARGENT DANS LES POUMONS D'UN CHIEN
(SOLUTION A 1 POUR 100)

DATES DES EXPÉRIENCES.	REMARQUES.	POIDS de l'animal.	POIDS de l'acide carbonique exhalé dans 50 litres d'air.	DURÉE de l'expérience.	NOMBRE des respirations par minute	Température rectale.
30 octobre 1881.	à 3 heures.	kil. 18.300	gr. 3.035	min. sec. 8.10		degrés. 39°3
5 décembre...	....		3.054	7.50		
5 décembre...	à 3 h. injection par une sonde introduite par une ouverture faite à tranchée de 6ᶜᵉ de solution de nitrate d'argent.					
6 —	râles sous-crépitants.		1.545	5.10	34	40°8
7 —	....	16.545	1.648	5.	38	40°2
8 —	....	16.645	2.032	6.20	28	40°1
9 —	....	17.345	1.998	6.10		39°4
10 —	râles sous-crépitants.	17.145	2.515	7.12	21	39°25
12 —	respiration normale à l'auscultation.		3.04 nombre identique au 1ᵉʳ au 30 oct. obtenu avant l'injection de nitrate.	8.7		39°15

Il est facile de voir d'après ce tableau que l'élimination de l'acide carbonique a diminué, du jour où des lésions broncho-pulmonaires ont été produites. Cette diminution existe, soit qu'on la considère par rapport à un même volume d'air circulant à travers les poumons, soit qu'on l'examine par rapport au temps.

On pourrait objecter que la plaie trachéale modifie l'exhalation de l'acide carbonique, mais l'expérience démontre que l'influence est est à peu près nulle. De plus, dans les autres expériences nous avons évité la plaie trachéale et les résultats ont été les mêmes.

Ce qui **achève** de démontrer la réalité du fait, c'est l'augmentation graduelle et progressive de l'exhalation de l'acide carbonique, à mesure que la lésion guérit : or, s'il existait quelque erreur de dosage ou quelque trouble irrégulier dans la fonction pulmonaire, on ne verrait point une régularité semblable, indiquant un phénomène régulier, une loi de physiologie pathologique.

BRONCHO-PNEUMONIE EXPÉRIMENTALE TRÈS CIRCONSCRITE CHRONIQUE.
DOSAGE DE L'ACIDE CARBONIQUE EXHALÉ

Une autre série d'expériences faites de la même manière sur un petit chien terrier, a produit des résultats différents et des lésions chroniques, tandis que dans la série précédente on a observé seulement des phénomènes aigus. Cet animal du poids de 6 ᵏ, 300, exécute 25 mouvements respiratoires doubles par minute et fait circuler 50 litres d'air en 12′ 35″, le dosage de l'acide carbonique donne le nombre 2ᵍʳ,401.

Le lendemain, 22 décembre 1881, 50 litres d'air traversent les poumons en un temps beaucoup plus long, égal à 19′ et reçoivent $3^{gr},332$ d'acide carbonique; la température rectale est $39°3$.

Nous avons reconnu plusieurs fois qu'il n'y a point proportionnalité exacte entre les poids d'acide carbonique exhalé et les temps employés, le volume d'air restant le même, et nous devons appeler l'attention sur ce point : dans l'exemple précédent $2^{gr},401$ d'acide carbonique ayant été exhalés en $12'35''$ ou en $755''$, le poids du gaz exhalé en une seconde aurait été $\frac{2 gr. 40}{755}$ et en $19'$ ou $1140''$, 1140 fois plus grand ou $\frac{2 gr. 301 - 1140}{755} = 3^{gr},625$, nombre dépassant de $0^{gr},303$ le chiffre $3^{gr},322$ qui a été trouvé, néanmoins la différence n'est pas très grande.

On maintient largement ouverte la gueule de l'animal et on introduit par la glotte, à l'aide d'un conducteur métallique recourbé, une sonde en gomme élastique par laquelle on injecte 5^{cc} de solution de nitrate d'argent à 10 pour 100, on observe une apnée presque complète pendant que la sonde traverse la glotte, l'animal vomit à plusieurs reprises et présente une toux rauque. Il était facile de voir que la sonde était bien dans les bronches et non dans l'œsophage, car chaque expiration soufflait la flamme d'une bougie placée à l'orifice.

Le lendemain, 23 décembre, la température rectale est de $40°1$; le pouls est très fréquent, on trouve dans la poitrine des râles sous-crépitants, en 18 minutes 50 litres d'air circulent à travers les poumons et enlèvent $1^{gr},856$ d'acide carbonique : il y a donc une différence considérable avec le nombre trouvé avant l'injection du caustique qui est $3^{gr},332$ en 19 minutes; les temps étant presque égaux, la différence en moins est de $1^{gr},476$.

Le 24 décembre, la température rectale est de $40°25$, l'animal exécute 33 mouvements respiratoires doubles par minutes, sa toux est rauque : quand il arrive au laboratoire, il présente des râles sous-crépitants dans la poitrine, le cœur bat très vite, 50 litres d'air circulent en 18 minutes et enlèvent aux poumons $2^{gr},328$ d'acide carbonique.

Le 26 décembre, le poids du chien est $5^k,700$, la température rectale est égale à 39°7, 50 litres d'air circulent à travers les poumons en 20′40″ et le dosage de l'acide carbonique donne $2^{gr},37$, nombre un peu plus élevé, mais encore inférieur de $0^{gr},962$ au chiffre normal.

Le 27 décembre, la température rectale est plus élevée, 40°17, l'animal tousse, l'auscultation de chaque côté de la colonne vertébrale fait reconnaître du souffle à droite et des râles sous-crépitants, il y a 28 inspirations par minute, 50 litres d'air ont reçu $2^{gr},28$ d'acide carbonique.

28 décembre. Température rectale 40°15. En 20′40″ le même volume d'air circule et enlève aux poumons $2^{gr},37$ d'acide carbonique, pendant la dernière minute le chien cesse de respirer, on le fait revenir en comprimant le thorax pour produire la respiration artificielle.

On laisse l'animal au chenil pendant deux mois, il tousse fréquemment, mais cependant il conserve un bon appétit et il engraisse, son poids augmente d'une manière très notable puisqu'il devient égal à $7^k 670$. Le 1ᵉʳ mars 1882, 50 litres d'air enlèvent aux poumons en 12′ $1^{gr},72$. Comparons ce nombre au premier nombre $2^{gr},401$ obtenu en 12′35″ c'est-à-dire en un temps presque égal, et nous voyons que la différence en moins est égale à $0^{gr},681$, ainsi chez cet animal, 68 jours après l'injection de la solution de nitrate d'argent, le poids d'acide carbonique exhalé dans 50 litres d'air est encore di-

minué dans une forte proportion, qui cependant s'est montrée
moins grande le lendemain 2 mars, puisqu'en 12' 30" le poids
du gaz exhalé a été trouvé égal à 2^{gr},346, nombre voisin de la
normale.

Cet animal est sacrifié par section du bulbe. A l'examen
microscopique, on trouve, à la racine des bronches du poumon
droit une zone de 2 centimètres de diamètre, grisâtre, affaissée
non crépitante, allant au fond de l'eau, ne s'insufflant pas,
sur une coupe à l'œil nu, le tissu est splénisé, d'un gris verdâtre. Au microscope on voit un épaississement scléreux des
alvéoles avec quelques cellules épithéliales en voie d'atrophie,
à côté il existe des corps granuleux : il s'agit là d'un noyau de
pneumonie chronique.

DEUXIÈME SÉRIE D'EXPÉRIENCES

INJECTION DE NITRATE D'ARGENT DANS LES BRONCHES D'UN PETIT CHIEN TERRIER
(SOLUTION A 1 POUR 100)

DATES des expériences.	REMARQUES.	POIDS de l'animal.	POIDS de CO_2 exhalé dans 50 litres d'eau.	DURÉE de l'expérience.	NOMBRE des respirations par minute.	TEMPÉRATURE rectale.
		kilogr.	gr.	min. sec.		degrés.
21 décemb. 1881.	Respiration normale..........	6.300	2.401	12.35	25	39°83
22 décembre ..	Respiration normale..........		2.332	14 temps plus long.	22	
22 —	Injection de 5ᶜᶜ d'une solution de nitrate d'argent, à l'aide d'une sonde introduite par la glotte.........	5.800	1.856	18		40°1
24 —	....		2.328	18	33	40°25
26 —	....		2.370	20.40	24	39°7
27 —	....					
	Râles sous-crépitants. Toux....	5.700	2.28	18.40	28	40°7
28 —	....		2.34	20.30	26	40°15
1ᵉʳ mars 1881.	Bronchite chronique; a engraissé, cependant, mais tousse encore.	7.670	1.720	12		
2 —	....		2.346	12.30	24	39°2

Il résulte de ces dosages que l'exhalation de CO_2 s'est fortement abaissée pour un même volume d'air inspiré et pour le même temps; avant cette lésion broncho-pulmonaire, la quantité d'acide carbonique était au minimum de $2^{gr},332$, tandis que le lendemain elle était de 1^{gr},856, c’est-à-dire 0^{gr},476 en moins.

Lorsque la lésion est considérable, s’il existe sur une plus grande étendue une dissémination des altérations, l’élimination de l’acide carbonique est plus faible ; mais, si la lésion est circonscrite, l’élimination de l’acide carbonique se rapproche de la normale.

Dans la série des recherches précédentes, le 23 décembre, l’acide carbonique a diminué, parce qu’un grand nombre de bronches étaient atteintes ; mais peu à peu la lésion broncho-pulmonaire s’est localisée, les autres parties guérissent (l’auscultation qui, le 23 décembre, révélait des râles étendus, ne permettait plus de découvrir que quelques bulles le 2 mars) on voit alors le chiffre de l’acide carbonique se rapprocher de la normale, sans l’atteindre.

Une modification de l’exhalation de l’acide carbonique est encore à noter dans les lésions circonscrites chroniques, c’est l’inégalité de l’élimination de l’acide carbonique : le 1er mars, la quantité de CO^2 est de 1^{gr},72 ; le lendemain, le poids de CO^2 s’est élevé à 2^{gr},346, chiffre normal.

Au point de vue clinique, lorsqu’on soupçonnera une lésion pulmonaire, il faudra donc faire plusieurs dosages, afin de constater cette inégalité, qui, ajoutée aux autres symptômes permettra de diagnostiquer : 1° l’existence d’une altéraration broncho-pulmonaire, 2° une lésion circonscrite, si les écarts entre les poids de l’acide carbonique exhalé ne sont pas trop considérables.

Enfin, l’augmentation du poids de l’acide carbonique exhalé, dans le cas d’une lésion broncho-pulmonaire, traduit une atténuation des accidents.

TROISIÈME SÉRIE D'EXPÉRIENCES

BRONCHO-PNEUMONIE EXPÉRIMENTALE CHEZ UN CHIEN. — DOSAGE DE L'ACIDE
CARBONIQUE

Le mardi 13 décembre 1881, on fait inspirer et expirer 50 litres d'air en 10′ 55″ à un chien du poids de 16^k 045, ayant une température rectale de 37°,6.

La pesée des flacons de Woolf, après barbottage, donne 3^{gr},923 pour le poids de l'acide carbonique exhalé en 10′ 55″.

Le lendemain, 14 décembre, on détermine une seconde respiration normale ; la température rectale est de 37°,6 : on fait respirer 50 litres d'air en 8′ 30″, les respirations sont de 12 à 13 par minute. La pesée donne 3^{gr},787. A 5 h. 15′ on injecte 8^{cc} d'une solution de nitrate d'argent à 1 pour 100 dans les bronches, on introduit par la glotte une sonde qui sert pour faire pénétrer la solution dans les tuyaux bronchiques. — On est sûr que la sonde était bien dans les bronches ; car, au moment de l'expiration, l'air qui la traversait faisait osciller la flamme d'une bougie ; après l'injection, il ne restait pas de liquide dans la sonde.

Trois jours après, un nouveau dosage de l'acide carbonique dans 50 litres d'air donne 2^{gr},10, la température rectale était de 37°,7 l'animal avait respiré les 50 litres en 13′ 20″ : l'auscultation révèle des râles sous-crépitants, marqués surtout à droite.

Ici encore, la diminution de l'exhalation de l'acide carbonique est manifeste : l'autopsie du chien démontre l'existence de points d'hyperémie, disséminés surtout dans le poumon droit.

QUATRIÈME SÉRIE D'EXPÉRIENCES

INFLUENCE DE L'INANITION SUR L'EXHALATION DE L'ACIDE CARBONIQUE

Comme on pourrait objecter que la diminution de l'acide carbonique tient à l'inanition des chiens en expérience, et non pas à la lésion broncho-pulmonaire, nous avons soumis ces animaux à une privation d'aliments pendant six jours. — Voici des chiffres qui sont significatifs.

Le 15 avril, nous soumettons à l'inanition une chienne, blanche, avec taches jaune fauve, son poids est de $11^k,170$; nous faisons circuler en 17 minutes, 50 litres d'air à travers ses poumons; le poids de l'acide carbonique est de $2^{gr},72$.

Le 17 avril, même circulation de 50 litres d'air, l'élimination de l'acide carbonique est de $2^{gr},54$, c'est-à-dire qu'après deux jours d'inanition, l'acide carbonique a peu varié, il a diminué seulement de $0^{gr},15$. Or, dans nos expériences, c'est le lendemain, parfois le jour même, que la diminution de l'acide carbonique se fait sentir, et dans de notables proportions, puisqu'il se fait un abaissement de moitié ou des 2/3.

Le 19 avril, l'élimination de l'acide carbonique est de $2^{gr},36$. ou de $0^{gr},21$ moins que l'avant-veille, ou de $0^{gr},36$ moins qu'au début.

Après quatre jours d'alimentation copieuse, le 29 avril, la quantité d'acide carbonique exhalée remonte à $2^{gr},92$ pour varier les jours suivants entre $2^{gr},80$ et $2^{gr},85$.

En supposant que le nombre ait été de $3^{gr},92$ au début, l'inanition en deux jours n'aurait produit qu'un abaissement de $0^{gr},38$ chiffre beaucoup inférieur à celui que nous obtenons en 24 heures, ou même après quelques heures de lésions expérimentales.

Nous concluons donc que la diminution de l'acide carbonique ne tient pas à l'inanition, mais est réellement due aux altérations broncho-pulmonaires.

CINQUIÈME SÉRIE D'EXPÉRIENCES

MÉCANISME DE L'EXHALATION DIMINUÉE

Pourquoi et comment se fait-il que, dans les phlegmasies expérimentales du poumon, qui s'accompagnent de fièvre, on voit une diminution dans le rejet de l'acide carbonique.

C'est là un problème que nos recherches permettent de résoudre.

Nous avons entrepris une cinquième série d'expériences pour rechercher si la lésion pulmonaire produite par l'injection de nitrate d'argent, et dont l'effet manifeste est de diminuer le poids d'acide carbonique exhalé, ne produit pas une accumulation d'acide carbonique dans le sang.

Chez un chien du poids de $10^k 77$ nous avons fait circuler à travers les poumons 50 litres d'air en 17 minutes ; en dosant l'acide carbonique exhalé on trouve que 50 litres d'air expiré ont reçu $2^{gr},66$ d'acide carbonique.

On prend alors par la veine jugulaire gauche, du côté de cœur, à l'aide d'une longue sonde en plomb, avec une seringuu dont le volume intérieur est égal à 26^{cc}, un volume de sang veineux rouge sombre, double de celui-ci, égal à 52^{cc} ; on a eu soin d'aspirer d'abord un peu de sang et de le rejeter pour remplir de sang l'espace nuisible : aussitôt aspiré, le sang est injecté par le robinet de la pompe à mercure dans l'appareil de Gréhant, absolument vide d'air, qui sert à l'extraction des gaz du sang.

Afin d'obtenir la totalité de l'acide carbonique du sang, on fait durer longtemps l'extraction ; le récipient étant immergé dans un bain d'eau à 40°, température maintenue par un régulateur de d'Arsonval, on recueille dans une première cloche, en 20 minutes de manœuvres 33^{cc} 6 de gaz par le vide absolu.

Analyse 33^{cc},6 de gaz.

Potasse	8.6	d'où	25^{cc},0 acide carbonique.
Acide pyrogallique	1.5	—	7^{cc},1 oxygène.
			1.5 azote.

Au bout de 20 minutes, on obtient une seconde fois, par quatre mouvements de pompe,

3^{cc},55 de gaz.

Potasse	0.75	d'où	2^{cc},8 acide carbonique.
Acide pyrogallique	0.05	—	0^{cc},7 oxygène.

Enfin, en maintenant encore pendant trois heures, le vide et la température à 40°, on recueille dans une troisième cloche 0^{cc}2 de gaz.

Potasse	0.05	d'où	0^{cc},15 acide carbonique.

Ainsi la totalité de l'acide carbonique est égale à 27^{cc}95. Rapportant ce volume à 100^{cc} de sang, on trouve 53^{cc},75 de gaz acide carbonique. La température étant 18°5, et la pression 770, le coefficient de correction par lequel il faut multiplier ce volume est 0^{gr},92675 ce qui donne, pour le sang veineux chez l'animal sain, 19,8 d'acide carbonique sec à 0° et à la pression de 760 millim.

Le lendemain, 10 mai, on fait une injection par la glotte

dans la trachée de 7^{cc} de solution de nitrate d'argent à 1 pour 100. L'animal, observé ensuite, ne mange pas.

Le 13 mai, le poids du chien est 10^k,170. On fait respirer 50 litres d'air en 22′, il y a 15 respirations par minute; la température rectale est 40°, le poids d'acide carbonique exhalé dans 50 litres d'air en égal à 1^{gr},89, il a diminué de 2^{gr},566 — 1^{gr},89 = 0^{gr},77.

Le même jour on fait dans la veine jugulaire droite une seconde prise de 52^{cc} de sang, dont on extrait les gaz, en se plaçant exactement dans les mêmes conditions que dans l'analyse précédente : on obtient en totalité 25^{cc},45 d'acide carbonique à 18°5 et à la pression de 765,8, ce qui fait pour le volume corrigé, le coefficient de correction étant 0,9216, 23^{cc}45, ou pour 100^{cc} de sang, 45^{cc} d'acide carbonique, nombre inférieur au précédent, et qui montre que, loin de s'accumuler dans le sang, à la suite de la lésion pulmonaire, l'acide carbonique est en diminution dans le milieu intérieur, ce qui indique que la production de CO² gaz dans tout l'organisme est également diminuée.

La conclusion est donc que les altérations broncho-pulmonaires ne déterminent point des sortes de barrages avec gêne mécanique, car, s'il en était ainsi, on observerait une accumulation d'acide carbonique dans le torrent circulatoire, et il n'en est rien.

Il est donc rationnel d'admettre que la lésion s'étend sur l'organisme, peut-être par l'intermédiaire du système nerveux, pour atténuer les phénomènes chimiques de la nutrition intime des tissus; la comparaison des gaz du sang avant et après les lésions locales plaident en faveur de cette pathogénie.

6° SÉRIE D'EXPÉRIENCES

PLEURÉSIE EXPÉRIMENTALE CHEZ LE CHIEN

Nous avons déterminé chez le chien, par injection d'huile neutre dans la plèvre, une inflammation de cette membrane, afin de rechercher si la pleurésie avec épanchement modifie l'exhalation pulmonaire de l'acide carbonique.

Le 31 mars 1882, on injecte dans la cavité pleurale, à l'aide d'un trocart, et d'une seringue munie d'un robinet à trois voies, 140 grammes d'huile ; mais, avant l'injection, on a fait circuler dans les poumons 25 litres d'air en 4'15". On mesure par l'analyse eudiométrique le volume d'air expiré, et, en calculant par une simple proportion le poids d'acide carbonique que 50 litres d'air expiré auraient contenu, on trouve pour la normale 3^{gr},77. Pendant l'injection, surtout à la fin, l'animal s'est agité, mais on n'a pas vu sortir d'huile de la plèvre, par la petite ouverture qui a été faite à cette membrane et aux parois thoraciques.

On fait de nouveau respirer 25 litres d'air, mais cette fois l'expérience dure 3' 30". En dosant l'acide carbonique dans l'air expiré, et en cherchant le poids que 50 litres d'air expiré auraient contenu, on trouve 3 grammes. Ainsi le liquide huileux introduit autour du poumon n'a pas immédiatement modifié le poids d'acide carbonique exhalé.

L'autopsie faite quelques jours après nous montre la plèvre droite remplie par un épanchement purulent d'un litre, dans lequel nagent des flocons albumino-fibrineux et des gouttelettes de graisse ; la séreuse était tapissée par un exsudat séro-membraneux à surface libre frangée ; des parties adhérentes de l'exsudat, on voyait flotter dans le liquide une foule de filaments ; la plèvre avait donc sécrété au moins 860 grammes de liquide purulent. La plèvre gauche ne contenait qu'un exsudat solide pseudo-membraneux, sans épanchement de liquide.

Dans ce cas, la compression mécanique n'a produit, immédiatement après l'injection, qu'une bien faible diminution dans l'exhalation de l'acide carbonique ; pour que le poids diminue, il semble donc nécesaire que la lésion ait retenti sur l'organisme ; la gêne mécanique joue un rôle bien moindre.

7ᵉ SÉRIE D'EXPÉRIENCES

PLEURÉSIE EXPÉRIMENTALE CHEZ LE CHIEN

Le 26 avril 1882, on injecte chez un chien du poids de 9 kilogrammes, 210 grammes d'huile dans la plèvre droite : la respiration s'accélère et des frissons se produisent ; une demi-heure après, la température rectale est de 39° 9. A l'auscultation, on entend la respiration en arrière, point de souffle. 25 litres d'air circulent à travers les poumons en 5′ 15″ et le poids d'acide carbonique trouvé, puis calculé pour 50 litres d'air expiré, est égal à 2ᵍʳ,65.

Le lendemain, 29 avril, 19 heures après l'injection d'huile, l'animal n'a pas mangé, la température est de 39°,5. A l'auscultation on trouve quelques râles sous-crépitants. L'animal fait circuler 25 litres à travers les poumons en 11 minutes, temps beaucoup plus long ; le dosage de l'acide carbonique donne

$3^{gr},94$ pour 50 litres d'air expiré; si l'on compare ce nombre au précédent, $2^{gr},65$ on le trouve plus grand; mais il faut remarquer que, tandis que les durées des deux déterminations sont entre elles presque comme 1 est à 25' 15" ou 315", et 11' ou 660", si l'on admet la proportionnalité entre les poids d'acide carbonique exhalé et les temps, au lieu de $2^{gr},65$, les poumons auraient exhalé en 660" $5^{gr},55$, nombre plus grand que celui qui a été égal à $3^{gr},94$.

Le 23 avril, l'animal respire 25 litres en 6' 15", et on trouve qu'il a exhalé $2^{gr},02$ d'acide carbonique dans 50 litres d'air expiré : ainsi, quoique le temps soit plus long que dans la première mesure, le poids d'acide carbonique exhalé est moindre de $0^{gr},45$.

Le 2 mai, la respiration est accélérée et anxieuse; l'animal meurt pendant que l'on fait circuler 25 litres d'air dans ses poumons; la température rectale est 39°5, celle du cœur est la même.

A l'autopsie, on constate l'existence d'une pleurésie purulente à droite, avec un épanchement qui remplit la cavité pleurale droite; à gauche, on trouve des fausses membranes purulentes, sans épanchement; rien dans la péricarde, ni dans les autres organes.

8ᵉ SÉRIE D'EXPÉRIENCES

PLEURÉSIE EXPÉRIMENTALE CHEZ UN CHIEN DE 11 KILOGR. AVEC INJECTION D'HUILE

DATES des expériences.	REMARQUES.	POIDS d'acide carbonique exhalé dans 50 litres d'air.	DURÉE de l'expérience.	NOMBRE des respirations en une minute.	TEMPÉRATURE rectale.
22 avril 1882...	bien portant......	2ᵍʳ,82	12′	10	39° 5
25 —	avant l'injection ..	2ᵍʳ,71	13′	11	39°,6
25 —	1 h. après l'inject.	2ᵍʳ,44	16′	18	39°,7
27 —	frottements pleureaux ressemblant à des bouffées		17		
	de râles crépi-	0ᵍʳ,425		22	39°,3
28 —	tants. l'épanchement est très net.	0ᵍʳ,04	15′	24	39°,5

Dans ce cas encore, l'exhalation de l'acide carbonique a peu diminué, une heure après la compression du poumon par le liquide injecté. — C'est surtout 48 heures après l'épanchement artificiel, que le rejet de l'acide carbonique présente un abaissement considérable. L'effet mécanique a été léger, la phlegmasie a retenti d'une manière notable sur l'exhalation de l'acide carbonique.

9° SÉRIE D'EXPÉRIENCES

PLEURÉSIE EXPÉRIMENTALE CHEZ UN CHIEN.—INJECTION DE POUDRE DE CANTHARIDES.
DOSAGE DE L'ACIDE CARBONIQUE EXHALÉ

Le 23 mars, on fait circuler en dix-sept minutes, à travers les poumons d'un chien blanc à longs poils, 50 litres d'air afin de pouvoir doser l'acide carbonique rejeté dans l'air expiré.

Le soir même, à 4 heures 50, on injecte dans la plèvre droite 0^{gr} 10 centigrammes de poudre de cantharides dans 40^{gr} d'eau distillée; la respiration qui était avant à 12 s'accélère et devient 18 et 20 : la température rectale reste la même.

Le 24, la dyspnée est évidente, l'animal ne s'est pas alimenté, est triste, blotti dans un coin; la palpation thoratique fait percevoir de petites vibrations; et l'auscultation révèle qu'il s'agit de frottements pleuraux superficiels arrivant par bouffées et ayant la plus grande analogie avec les râles de pneumonie.

Le 30 et le 31, on perçoit de la matité, les frottements diminuent, l'oppression augmente, il est facile de le constater aux mouvements des flancs, à leur amplitude, aux dépressions sous-costales.

DATES des dosages	REMARQUES.	POIDS de l'animal.	POIDS de CO^2 exhalé dans 50 litres d'air.	DURÉE de l'expérience.	NOMBRE des respirations par minute.	TEMPÉRATURE rectale.
23 mars 1882..	Respiration normale après injection de poudre de cantharides dans la plèvre droite..	kil. 15,170	gr 2,623	17'	12	39°2
24 —	Léger épanchement pleural..	Même p. 15,070	1,516 1,210	16' 15'40"	20 24	38°9 39
30 —						
31 —	L'épanchement augmente.....	15	1	16'20"	28	29°4

L'animal succombe dans la nuit. On voit nettement, d'après ces résultats, que le poids de l'animal restant à peu près de

même, la durée de l'exhalation de l'acide carbonique étant
semblable, le rejet de l'acide carbonique diminue dans de
fortes proportions lorsque l'on produit une pleurésie expérimentale. Il est vrai que, dans ce cas, il se produit une
vascularite capillaire dans tout l'organisme et que la température ne s'est pas élevée ; le fait n'en reste pas moins fort
intéressant.

10ᵉ SÉRIE D'EXPÉRIENCES

VARIATIONS DES MATÉRIAUX SOLIDES DU SANG ET DE L'EXHALATION PULMONAIRE
DE L'ACIDE CARBONIQUE DANS LA PLEURÉSIE EXPÉRIMENTALE, PAR E. QUIN-
QUAUD ET BUTTE.

Dans ces expériences nous nous sommes proposés de déterminer les modifications survenues d'une part dans la quantité
d'acide carbonique exhalé, d'autre part, dans le poids des
matériaux solides du sang dans les cas de pleurésie artificielle.
Nous avons dosé l'acide carbonique à l'aide de l'appareil de
MM. Gréhant et Quinquaud pour le dosage de l'exhalation
pulmonaire de l'acide carbonique.

Quant au dosage des matériaux solides du sang, il a été fait
par la méthode classique. Le 15 juillet 1882, chez un chien du
poids de 8 kilog. 500 grammes, nous faisons circuler à travers
les poumons 25 litres d'air en 6 minutes 50 secondes ; le nombre
des respirations par minute est de 21 ; la température rectale
est à 37°5. Nous trouvons, comme poids de l'acide carbonique
exhalé, 1ᵍʳ,17, d'où pour 50 litres, 2ᵍʳ,54. Nous prenons
ensuite dans l'artère fémorale droite 5 cent. de sang, que
nous mettons à évaporer après l'avoir défibriné, la pesée

nous donne 1^{gr},222 ou 244^{gr},4 de matériaux solides pour 100^{cc} de sang.

Cette normale étant ainsi établie, nous faisons dans le sixième espace intercostal droit une incision de 0^{m},02, qui comprend la peau et le tissu cellulaire, puis à l'aide d'une petite canule à bord mousse, nous perforons le muscle et nous arrivons dans la plèvre ; nous adaptons alors à la canule une seringue contenant exactement 25 cent. d'huile que nous injectons dans la séreuse.

L'animal ne présente rien d'anormal à la suite de cette injection.

Le lendemain, 16 juillet, on entend à l'auscultation quelques frottements au niveau du poumon droit.

Le 15 juillet, on fait respirer à l'animal 40 litres d'air en 7 minutes 25 secondes, la température est 38°6. On compte 30 respirations par minute ; la quantité d'acide carbonique exhalé est de 0^{gr},96, ou pour 50 litres de 1^{gr},20 ; 5^{cc} de sang donnent 1^{gr},047 ou 206,55 de matériaux solides pour 1000.

Le 19 juillet, l'animal pèse 7^{k},758 grammes, sa température est à 38° ; il respire 40 litres d'air en 17 minutes 38 secondes. On note 14 respirations par minutes, le dosage de l'acide carbonique donne 1^{gr},88 ou 2^{gr},35 pour 50 litres.

On extrait encore de l'artère fémorale 5 cent. de sang, qui laissent 0,331 de résidu sec ou 186^{gr},2 par litre.

A l'auscultation, on entend à droite un souffle pseudo-cavitaire et des frottements ressemblant à des râles.

A la percussion on constate une légère diminution de la sonorité à droite.

L'animal est oppressé depuis trois jours.

Le 21 juillet, 40 litres d'air circulent à travers les poumons en 10 minutes 30 secondes ; il y a 22 respirations par minute, la température est à 38,4. La quantite d'acide carbonique contenue dans les 40 litres est de $1^{gr},39$ et pour 50 litres, de $1^{gr},73$.

On trouve pour le poids des matériaux solides de 5 cent. de sang, toujours pris dans la même artère, de $8^{gr},896$ ou $176^{gr},2$ pour 1000.

Le 24 juillet, au soir, l'animal qui, pendant toute la durée de l'expérience, avait toujours bien mangé, succombe à la suite d'une hémorrhagie provenant de l'ouverture de l'artère fémorale droite.

L'autopsie nous montre que la plèvre droite est recouverte dans ses deux tiers antérieurs de fausses membranes épaisses, assez adhérentes, sans épanchement. La plèvre gauche, le péricarde, le péritoine, et les autres organes sont sains.

Le tableau suivant montre l'ensemble des variations de l'acide carbonique exhalé et des matériaux solides du sang sous l'influence de la pleurésie expérimentale.

PLEURÉSIE SÈCHE PRODUITE EXPÉRIMENTALEMENT CHEZ UN CHIEN. — DOSAGE DE L'ACIDE CARBONIQUE EXHALÉ, . POIDS DES MATÉRIAUX SOLIDES DU SANG

DATE des recherches.	REMARQUES.	POIDS du l'animal.	POIDS de l'acide carbonique exhalé dans 50 litres d'air expiré.	DURÉE de l'expérience.	NOMBRE de respirations par min·te.	TEMPÉRA-TURE rectale.	POIDS par litre des matériaux solides du sang.
		k.	gr.	min.		degrés	gr.
15 juillet 1882	Etat normal. On injecte ensuite dans la plèvre droite 25cc d'huile......	8.200	2 54	13.40	21	37.5	244.44
16 juillet 1882	On entend quelques frottements au niveau du poumon droit..........	»	»	»	»	»	»
17 juillet 1882	....	8.20	1.20	9.40	30	38.6	209.55
19 juillet 1882	On entend à droite un souffle pseudo-cavitaire et quelques frottements ressemblant à des râles. Légère diminution de la sonorité à droite......	7.750	2.35	21.50	14	38	183.20
21 juillet 1882	....	»	1.73	13.7	22	38.4	179.20
	L'autopsie montre des fausses membranes sur la plèvre droite sans						

Il est facile de voir que l'aggravation de l'état morbide coincide avec une diminution dans l'exhalation de l'acide carbonique et dans le poids des matériaux fixes du sang.

Ces dosages peuvent donc servir à mésurer l'extension ou l'amélioration de la pleurésie.

De ces nombreuses recherches, découlent les conclusions suivantes :

1º Le procédé de dosage de l'acide carbonique décrit au début de ce travail donne des résultats très exacts, puisqu'un même animal élimine par ses poumons des quantités d'acide carbonique presque identiques lorsqu'étant placé dans les mêmes conditions, nous dosons l'exhalation de l'acide carbonique pendant plusieurs jours de suite.

2º Les lésions expérimentales, bronchiques, pulmonaires, pleurales, même avec fièvre, diminuent la quantité de l'acide carbonique rejeté.

3º Lorsque la lésion diminue ou passe à l'état de phlegmasie chronique, la quantité de l'acide carbonique exhalé s'accroît, se rapproche de la normale sans l'atteindre. Au moment où la guérison est complète, la quantité d'acide carbonique éliminé remonte au chiffre physiologique. On possède donc ainsi une mesure pour apprécier quel est l'état de la lésion viscérale.

4º Le mécanisme de cette diminution de l'acide carbonique exhalé sous l'influence des altérations expérimentales ne consiste pas en une sorte de barrage pulmonaire, la lésion retentit, probablement par l'intermédiaire du système nerveux et des lésions dyscrasiques secondaires sur les éléments de l'organisme pour amener des diminutions de la nutrition générale : les dosages des gaz du sang avant, pendant et après plaident en faveur de cette pathogénie.

DEUXIÈME PARTIE

RECHERCHES FAITES CHEZ DES MALADES ATTEINTS D'AFFECTIONS
THORACIQUES

Les données précédents de physiologie pathologique trouvent leur application en clinique : nous verrons en effet que les maladies thoraciques se comportent pour l'exhalation de l'acide carbonique, comme les lésions produites expérimentalement.

Nous avons seulement commencé cet ordre de recherches dans divers états morbides. — Pour faire ces déterminations, nous avons appliqué sur la face des malades un masque de caoutchouc construit sur nos indications par Galante et qui au niveau des yeux présente deux fenêtres de verre enchassées dans le caoutchouc ; de cette manière, les malades ne sont pas plongés dans l'obscurité et respirent plus facilement sans anxiété. Le masque est fixé derrière l'occiput et assujetti par plusieurs circulaires de bandes de caoutchouc enroulées sur le sommet de la tête, sur les parties latérales et sous le menton ; le masque se termine par un tube de caoutchouc de 2 centimètres de diamètre communiquant par un tube en T avec deux flacons ou soupapes de Muller et deux ballons l'un contenant 25 litres d'air devant servir à l'inspiration, l'autre destiné à recevoir les produits de l'expiration.

Nos premières expériences faites chez l'homme nous ont montré que malgré toutes les précautions prises pour l'adaptation du masque, le volume du gaz expiré dans le deuxième ballon est toujours bien inférieur au volume réel qui est sorti des poumons; c'est au moment de l'expiration, que l'air s'échappe en petite quantité ; au moment de l'inspiration, au contraire, le masque s'applique parfaitement sur toutes les inégalités que présente l'ovale de la tête. Il est donc absolument nécessaire de mesurer par l'hydrogène et par l'eudiomètre le volume des gaz expirés avant de les soumettre à l'analyse qui fera connaître le poids d'acide carbonique exhalé; connaissant le poids contenu dans le volume d'air expiré dans le ballon, nous cherchons par une simple proportion le poids d'acide carbonique qui aurait été exhalé dans 50 litres d'air expiré.

Comme plusieurs dosages à l'état pathologique ont été faits chez les vieillards, il était utile d'apprécier chez eux à l'état physiologique, d'après notre méthode, la quantité d'acide carbonique éliminée dans 50 litres d'air et dans un temps donné.

§ 1er. — État physiologique

OBSERVATION I. — Dosage de l'exhalation de l'acide carbonique chez une femme de soixante et un ans, respirant bien sans essoufflement, n'ayant que quelques désordres mentaux.

Madame veuve Coll... âgée de soixante et un ans (hospice des Ménages), respire, le 20 mars 1882, d'après la méthode indiquée dans le Mémoire ci-dessus.

On établit le barbottage le soir à 5 h. 20′, il est terminé le 21 mars à 3 h. 1/2 de l'après-midi; on fait passer l'air du laboratoire pendant 1/4 d'heure avant la pesée; 18 litres 80 passent à travers les flacons de Woolf et donnent 0^{gr},62, d'où pour 60 litres d'air expiré 1^{gr},659 d'acide carbonique chez cette femme et chez la femme Fris... sont à peu près semblables. Ces chiffres sont inférieurs à ceux que l'on observe chez l'adulte pour un même temps et pour un même volume d'air expiré.

ÉTAT PHYSIOLOGIQUE

OBSERVATION II. — Dosage de l'exhalation de l'acide carbonique chez une femme âgée de quatre-vingt-six ans bien portante.

Lam..., femme Fris..., âgée de quatre-vingt-six ans, salle Léger, n° 36, aux Ménages.

Le 7 mars, on fait le dosage de l'acide carbonique. Le volume du gaz expiré est déterminé à l'aide de l'analyse eudiométrique; on établit ainsi que 19 litres 88 de gaz circulent à travers les barboteurs de Woolf.

La pesée avec la balance de Deleuil donne 1^{gr},61 pour le poids d'acide carbonique exhalé en 14′ 15″, le nombre des respirations étant de 16 par minute. Ce chiffre 1,61 est plus faible que celui-ci qu'on obtient chez un individu adulte du même poids.

D'après ces pesées, il est facile de voir que l'exhalation de l'acide carbonique diminue chez les personnes âgées.

§ 2. — État pathologique

OBSERVATION III. — Pleurésie droite avec épanchement. — Dosage de CO^2
avant et après la thoracenthèse. — Guérison.

La nommée Nivr... âgée de trente ans, infirmière, entre le 12 février 1882 à l'infirmerie de l'hospice des Ménages, salle Léger, lit n° 21.

Pas d'antécédents tuberculeux dans sa famille. Bronchite, il y a quatre ans, ayant duré trois semaines. L'année dernière, bronchite qui a persisté pendant quinze jours; la malade a toussé pendant tout l'hiver de 1881, sans amaigrissement notable.

Il y a deux mois la toux est devenue plus forte, s'est accompagnée d'une douleur dans la région dorsale.

L'affection actuelle paraît avoir débuté, il y a un mois, d'une manière insidieuse, sans frisson, sans fièvre; il est survenu de la céphalalgie, de la toux sèche, quinteuse, fatigante; un point de côté à droite, bien limité, qui a duré pendant vingt jours, sans oppression. La malade a perdu l'appétit et les forces, elle s'est alitée depuis trois semaines, et vomit à la suite des efforts de toux. Il y a huit jours on trouvait à l'auscultation un souffle pleurétique au niveau de l'épine de l'omoplate à droite avec égophonie légère, sans matité en avant.

Le point de côté et surtout la toux continuant ainsi que l'insomnie et les vomissements elle se décide à entrer à l'infirmerie.

État actuel. — 13 février 1882. Pouls régulier, toux fréquente surtout lorsqu'elle change de position; la toux sèche quinteuse s'accompagne d'oppression. En dehors des quintes, pas de dyspnée. Le point de côté a beaucoup diminué; pas d'expectoration.

A la percussion on trouve la sonorité normale à gauche en avant comme en arrière; à droite bruit skodique au niveau de la fosse sus-épineuse; matité absolue plus bas.

A l'auscultation, respiration légèrement supplémentaire, au sommet gauche. Vers la racine des bronches, à gauche et en arrière souffle aigre assez étalé sans râles. Le souffle s'entend encore mieux et sur une plus grande étendue quand la malade tousse.

Au sommet droit, diminution du murmure respiratoire, qui est rude. Au niveau de la fosse sous-épineuse et à droite diminution considérable du murmure ; silence absolu dans le tiers inférieur de la poitrine, en arrière et à droite.

Le foie et le cœur ne sont pas déviés.

14 février TV. 38° 2.

15 février. Pouls 116, TV. 37° 6. A beaucoup toussé. Sonorité jusqu'à quatre travers de doigt au-dessous de la clavicule droite. Vomissements alimentaires, dyspnée dans la nuit.

16 février TV. 37° 2. Pouls 84. Urine des 24 h. 280^{cc}. Urée 8^{gr},90.

17 février TV. 37° 6. Langue légèrement jaunâtre.

18 février. Toujours silence respiratoire en avant. Matité absolue en arrière et à droite. Souffle à la racine des bronches en arrière et à droite.

19 février. Urine des 24 h. 850^{cc}. Urée 14^{gr},45.

21 février. Urine des 24 h. 1165^{cc}. Urée 22^{gr},35.

22 février. Accès de suffocation dans la nuit.

23 février. Thoracentèse. On retire 1600 grammes de liquide citrin. Le soir la respiration s'entend dans les 2/3 supérieurs de la poitrine.

24 février. Pas de souffle, respiration un peu affaiblie. A passé une bonne nuit.

Jusqu'au 25 mars, la pleurésie entre en révolution ; la température est normale ; la sonorité commence à revenir à la base, la respiration ne s'entend pas encore en bas ; dans le reste de la poitrine, respiration avec frottements simulant des râles crépitants.

Le 3 avril, l'état général est bon ; la respiration s'entend presque partout excepté dans le 1/5 inférieur droit où elle est encore un peu obscure.

                    CHIMIE BIOLOGIQUE.

TABLEAU MONTRANT LES VARIATIONS DE CO_2 EXHALÉ AVANT ET APRÈS
LA THORACENTÈSE

DATE des recherches.	REMARQUES CLINIQUES.	POIDS de l'acide carbonique exhalé dans 50 litres d'air.	DURÉE de l'expérience	NOMBRE de respirations par minute.	TEMPÉRATURE vaginale.
20 février 1882.	Grand épanchement pleural droit avec matité absolue dans les $^2/_3$ inférieurs de la poitrine.....	$0^{gr},399$	8'30"	21	37°,2
22 —	Depuis plusieurs nuit, légers accès de suffocation..........	0.42	8'	22	37°,6
23 —	Thoracentèse; on retire 1600^{gr} de liquide citrin. La respiration s'entend dans les $^2/_3$ supérieurs de la poitrine.......	1,176	8'20"	24	37°,8
25 —	Ce qui restait de liquide se résorbe graduellement..	2,27	7'30"	20	37°,4
3 avril	La respiration ne reste obscure que dans le $^1/_5$ inférieur; la malade est en pleine convalescence.....				
13 —	Le 10 avril bronchite aiguë.....	1,08	8'30"	22	

OBSERVATION IV. — Emphysème pulmonaire chez un vieillard de 78 ans.
Dosage de l'acide carbonique.

9 Mars. Cet homme présente les déformations thoraciques de
l'emphysème ; la respiration est humée, légèrement sifflante, plain-
tive à l'expiration, affaiblie dans toute l'étendue de la poitrine ; la

percussion dénote un son tympanique; et le malade est dyspnéique depuis quinze ans. Aucun bruit de souffle cardiaque, pas d'œdème des membres inférieurs, pas d'albumine dans les urines. On le fait espirer dans les ballons ordinaires à l'aide des soupapes de Muller.

9 litres 058 de gaz expiré traversent les flacons à potasse; on trouve que l'exhalation de l'acide carbonique pour 50 litres d'air est seulement de $0^{gr},561$, chiffre bien faible si on le compare à $1^{gr},61$ que nous considérons comme à peu près normal. On peut conclure que, dans l'emphysème bien accentué, l'exhalation de l'acide carbonique diminue très notablement.

OBSERVATION V. — Pneumonie lobaire aiguë gauche (lobe inférieur) chez une femme de soixante et onze ans. — Dosage de l'acide carbonique. — Guérison.

Ponth..., veuve Ber..., est entrée à l'Infirmerie des Ménages, le 18 décembre salle Leger lit nº 4.

Elle a été prise en pleine santé de malaise, de diarrhée, de fatigue sans point de côté, et obligée de s'aliter le deuxième jour de la maladie, le 17 décembre. Avant cette époque, Ponth... ne toussait pas, n'avait aucune gêne pour respirer.

A son entrée elle accuse de la dyspnée, une certaine gêne thoracique sans douleur intense, la température est de 39°2, le nombre des respirations est de 30 par minute. La percussion dénote une submatité en arrière à la base du poumon gauche dans le tiers inférieur; l'auscultation révèle une respiration soufflante dans ces mêmes points et lorsque la malade tousse, on entend des bouffées de râles crépitants; les crachats sont visqueux, peu abondants, non colorés; les urines sont fébriles, sans albumine : l'existence de la pneumonie aigue n'est point douteuse. — Le traitement consiste en potion de Tood, extrait de quinquina, ventouses sèches, et révulsifs.

Depuis cette époque jusqu'au 27 décembre, la fièvre persiste, la pneumonie s'étend à la région moyenne du poumon, des phénomènes dyspnéiques s'acccentuent, en même temps que survient un affaiblissement extrême. Cependant le 28 la température était encore à 39°, le 29 à 38° 9. Les jours suivants elle diminue, la convalescence a été longue et traînante, l'anémie secondaire était très accusée; néanmoins, le 5 janvier, l'amélioration était notable, au point de vue des phénomènes généraux (température 37° 6).

A sa sortie de l'infirmerie, le 10 mars, cette femme pouvait aller et venir dans la salle et avait à peu près recouvré sa santé antérieure.

TABLEAU DES VARIATIONS DE L'ACIDE CARBONIQUE EXHALÉ

DATES des dosages	REMARQUES cliniques.	POIDS de l'acide carbonique exhalé dans 50 litres d'air.	DURÉE de l'expérience.	NOMBRE des respirations par minute.	TEMPÉRATURE vaginale.
21 déc. 1881.	Râles crépitants, souffle tubaire à gauche très inférieur..........	$0^{gr},33$	9',10''	30	$39^0,2$
22 —	Le souffle s'étend à la partie moyen^{ne} du poumon gauche............	$0^{gr},41$	10',15''	28	37°
25 —	Mêmes signes. Les jours suivants la résolution s'opère lentement.	$0^{gr},40$	9',30''	26	38°,9
5 janvier 1882.		$1^{gr},1$	8',45''	20	37°,6

OBSERVATION VI. — Pneumonie aiguë avec bronchite chez une femme de soixante-dix ans. — Guérison. — Dosage de l'exhalation de l'acide carbonique.

Gariv..., entrée à l'Infirmerie des Ménages au n° 36, salle Léger le 12 décembre 1881.

Son affection a débuté brusquement le 9 décembre, en bonne santé : elle a ressenti une douleur forte dans le côté gauche sous le sein, puis sont survenus des frissonnements qui ont duré trois heures, des nausées sans vomissements; la toux est fréquente et est suivie d'expectoration jaunâtre.

14 Décembre. On constate, sur les parties latérales et en arrière du poumon gauche un souffle tubaire peu intense dans une étendue de cinq centimètres : lorsqu'on fait tousser la malade, on entend quelques bouffées de râles crépitants. — Dyspnée assez vive.

16 Décembre. Mêmes signes physiques : la malade se sent moins fatiguée, la dyspnée est moins violente, poussée d'herpès labial.

17 Décembre. Les râles sont beaucoup plus nombreux, le souffle est très léger, il consiste plutôt en une expiration soufflante qu'en un vrai souffle.

20 Décembre. On ne constate plus de souffle, on entend encore quelques râles sous-crépitants cantonnés en arrière et à gauche dans le point où existait le souffle.

26 Décembre. La malade se sent bien, l'appétit est bon, les forces reviennent lentement.

TABLEAU INDIQUANT LES VARIATIONS DE L'ACIDE CARBONIQUE EXHALÉ

DATES des dosages.	REMARQUES cliniques.	POIDS d'acide carbonique exhalé dans 50 litres d'air.	DURÉE de l'ex-périence.	NOMBRE des res-pirations par min^te.	TEMPÉRA-TURE vaginale.
14 déc. 1881.	Râles crépitants classiques, souf-fle tubaire à gauche	0gr,190	11'	28	39°,2
16 déc. 7e jour.	Mêmes signes plus étendus	0gr,210	9',5"	30	38°,4
17 décembre...	Râles sous crépi-tants, le souffle est à peine ap-préciable....t..	0gr,910	8',25"	22	37,8
26 décembre ..	Les râles ont di-minué..........	1gr,05	8',20"	20	37,2

L'élimination de l'acide carbonique a donc été plus faible dans la période d'hépatisation de la pneumonie qu'à sa phase de défervescence : encore ici nous assistons à une augmentation graduelle coïncidant avec l'amélioration de l'état morbide; il y a donc équivalence entre les deux termes, partant le dosage de l'acide carbonique exalé peut servir au pronostic de la lésion.

CONCLUSIONS

1° La pleurésie fébrile ou non avec épanchement détermine une diminution de l'acide carbonique éliminé. Après la thoracentèse, la quantité de l'acide carbonique rejeté s'accroît. La résolution s'annonce toujours par une augmentation de l'acide carbonique exhalé.

2° En mesurant, à l'aide de notre procédé, l'élimination de l'acide carbonique, il est possible de savoir si la médication suivie est efficace ou sans effet.

3° Lorsque des accidents broncho-pulmonaires se produisent dans la pleurésie, le dosage de l'acide carbonique les traduit aussitôt par une décroissance dans l'exhalation.

4° L'emphysème pulmonaire amène également une diminution de l'acide carbonique rejeté.

5° Il en est de même dans les cas de pneumonie lobaire aiguë, broncho-pneumonie; on est averti de la résolution de la maladie par l'augmentation de l'acide carbonique exhalé.

Ce procédé d'investigation permet donc de reconnaître avec une grande précision comment le poumon fonctionne, fait important en clinique, au double point de vue du diagnostic et du pronostic.

CHAPITRE V

THÉRAPEUTIQUE EXPÉRIMENTALE ET CLINIQUE

ACTION DE L'ARSENIC SUR LE DIABÈTE ARTIFICIEL ET SUR LE
DIABÈTE SPONTANÉ, PAR E. QUINQUAUD

La lecture des travaux sur l'arsenic appliqué au traitement du diabète n'entraîne pas une profonde conviction sur son efficacité, il semble bien qu'il existe une action réelle, mais on cherche en vain une démonstration scientifique et rigoureuse. Cela tient d'après nous à deux causes, d'une part, à ce que les dosages n'ont pas été suffisamment multipliés, d'autre part à l'insuffisance des faits expérimentaux.

Certains thérapeutistes, en effet, affirment la réalité de l'action, d'autres la nient, Bernd[1], Fürbringer[2]; quelques-uns enfin restent dans le doute; il en est comme Devergie et Foville[3], le professeur Jaccoud[4], Danjoy[5], Proust[6], Lecorché[7], pré-

1. Hufeland's *Journal*, 1834.
2. *Zur medicamenteser Behandlung der Zuckerharnrhur*, 1878.
3. *Traitement du diabète au moyen de l'arsenic (Gazette médicale*, 1870).
4. *Traité de pathologie interne*, p. 872.
5. *Société d'hydrologie*, 1876.
6. *In Dunjoy*.
7. *Traité du diabète*, 1877.

conisent l'arsenic ; le professeur Brouardel[1], croit à la nécessité de nouvelles recherches, tandis que Frerichs et Saikowsky[2], Rabuteau[3], pensent démontrer à l'aide de l'expérimentation, que dans l'intoxication arsenicale, on peut piquer le quatrième ventricule sans déterminer le diabète ; toutefois on n'a point étudié suffisamment ni mesuré cette action à l'aide de procédés trés exacts. Or, un phénomène qui n'est point exactement mesuré est un phénomène peu connu. Pour toutes ces raisons, nous avons pensé qu'il y aurait grand intérêt à reprendre la question.

Notre méthode repose essentiellement sur l'association de la pathologie à la clinique, procédé supérieur à tous les autres : en premier lieu, nous produisons chez les animaux une intoxication arsenicale, puis nous examinons si le diabète artificiel par piqûre du plancher du quatrième ventricule présente des modifications spéciales.

En clinique nous dosons pendant 7 à 8 jours la quantité de sucre excrété en 24 heures et non par litre d'urine ; pendant ces essais, les malades sont soumis à un régime mixte bien *déterminé*, uniforme, après quoi sans rien changer au régime, nous administrons l'arsenic sous la forme de liqueur de Fowler (XII, XV, XX à XXX gouttes par jour.)

De ces recherches multipliées sous toutes les formes, un fait constant ressort nettement, dans nos expériences : l'*arsenic* a diminué toujours la *glycosurie*, la *glycogénie*, la *glycémie*. Chez les animaux, en poussant l'intoxication un peu loin, la glycosurie est presque nulle, mais des accidents toxiques ap-

1. *Étude clinique des diverses méditations employées contre le diabète sucré,* 1879.
2. Saikowsky, *Centralbatt,* 1866.
3. *Éléments de thérapeutique et de pharmacologie,* 1877, p. 196.

paraissent, de telle sorte que pour les malades, il faut se tenir aux doses moyennes de 15 à 20 gouttes de liqueur de Fowler par jour doses qui font décroître la glycogénie et la glycémie et sont par conséquent favorables; mais il serait imprudent et dangereux de donner à hautes doses les préparations arsenicales. Il semble en effet que l'action de l'arsenic est d'autant plus efficace que la dégénérescence granulograisseuse des cellules hépatiques est plus avancée, c'est du moins dans ce sens que plaident nos examens histologiques du parenchyme hépatique; or, ce n'est point sans nuire que l'on produit une telle altération, qui guérit vite, si elle est peu avancée, mais qui serait nuisible si on la poussait trop loin, d'autant plus que les autres organes subissent la même lésion; il est donc rationnel en clinique de s'en tenir aux doses moyennes, de donner de 10 à 20 gouttes de liqueur de Fowler pendant 12 à 15 jours, de cesser pendant un mois, puis de reprendre encore.

La glycogénie est en rapport intime avec la dégénérescence, attendu qu'un certain nombre d'agents stéatogènes des cellules hépatiques produisent le même effet : par exemple, à la suite d'une intoxication par le phosphore, on produit une diminution considérable presque une cessation de la glycosurie, de la glycémie et de la glycogénie. Nous ne proposons point ce corps dans le traitement du diabète spontané parce qu'il est dangereux et qu'il est difficile de mesurer son action.

Dans le cours de nos intoxications lentes par l'arsenic, aucun de nos animaux n'est devenu glycosurique, ce qui ne veut pas dire que le fait ne peut pas se produire; il est possible que certaines conditions indéterminées soient nécessaires pour engendrer cette glycosurie.

Dans une première partie, nous indiquons le résumé de nos expériences sur les animaux avec les procédés suivis pour le dosage du sucre dans l'urine dans le sang et dans le parenchyme hépatique. Dans une seconde partie, nous rapportérons quelques observations cliniques, qui sont en accord avec les faits expérimentaux. Nous aurions pu multiplier ces dernières, mais les résultats obtenus sont tellement uniformes que nous avons cru devoir nous en dispenser.

PREMIÈRE PARTIE

FAITS EXPÉRIMENTAUX. — DIABÈTE ARTIFICIEL

TECHNIQUE

DOSAGE DU SUCRE DANS L'URINE

Nous employons la liqueur cupro-potassique de Bareswill titrée de telle sorte que 20^{cc} de liqueur correspondent à $0^{gr},10$ de glycose : nous faisons bouillir un volume donné de cette liqueur titrée dans un ballon de verre, afin que faisant l'analyse dans le vide, l'oxygène de l'air ne puisse nuire à l'exactitude de notre titrage. L'urine est versée goutte à goutte jusqu'à réduction complète de la liqueur. Pour voir si la réduction est parfaite on touche, le liquide avec une baguette préalablement trempée dans un mélange à parties égales de solution de ferrocyanure de potassium et d'acide acétique. Si nous obtenons un précipité brun, c'est que toute la liqueur n'est pas réduite et il faut ajouter encore un peu d'urine. S'il n'y a pas de précipité, la réduction est complètement opérée et alors connaissant d'une part la quantité d'urine versée sur la liqueur, d'autre part, sachant qu'il y a autant de fois $0^{gr}10$, de glycose que nous avons employé de fois 20^{cc} de liqueur,

il nous est facile de calculer combien l'urine totale contient
de sucre.

DOSAGE DU SUCRE DANS LES URINES A L'AIDE DU SACCHARIMÈTRE
(MÉHU, DE L'URINE NORMALE ET PATHOLOGIQUE)

Pour faire usage du saccharimètre, placez la lampe à l'extrémité, de manière à éclairer l'appareil suivant son axe. Remplissez d'eau pure un des tubes de 20 centimètres et, l'ayant
mis à la place du tube, appliquez l'œil à l'oculaire, enfoncez
ou retirez le tube mobile, qui porte la lunette de Galilée,
de façon à distinguer nettement la raie noire qui partage en
deux le disque, formé de deux quartz de sens contraire. Si
la teinte n'est pas la même sur les deux moitiés du disque,
tournez le bouton horizontal, dans un sens ou dans l'autre
pour ramener les deux moitiés du disque à la même teinte.
Amenez à coïncider le 0 de la règle graduée avec le trait de
l'indicateur en tournant dans un sens ou dans l'autre un petit
bouton vertical placé à l'extrémité de la règle graduée. Pour
rendre plus sensible à l'œil la moindre variation des teintes
sur les deux moitiés du disque, faites tourner l'anneau molleté
qui sert d'oculaire et cherchez la teinte qui, pour un très
faible mouvement de la grande vis horizontale et par conséquent pour un léger déplacement de l'échelle, produit la
plus grande différence de colorations sur les deux moitiés du
disque. C'est d'ordinaire une teinte bleu pâle, mais pour
quelques observateurs, c'est une teinte tout autre.

En opérant de cette façon, le 0 de l'échelle correspond exactement au point de repère, les deux moitiés du disque ont la

même coloration, leur raie de séparation est nette, et la teinte sensible est produite, donc l'appareil est complètement réglé. Il ne reste plus qu'à remplacer le tube, plein d'eau, par un tube contenant la liqueur que l'on veut examiner. Si cette liqueur est active elle produit immédiatement une coloration inégale sur les deux moitiés du disque. Pour rétablir l'égalité des teintes, faites tourner la crémaillère au moyen du bouton, de manière à faire glisser la règle graduée et par conséquent les deux quartz du compensateur.

Si ce mouvement de la crémaillère se fait de gauche à droite, la substance est lévogyre, puisque la compensation se fait à droite; elle est dextrogyre dans le cas contraire.

Le nombre des degrés indique la richesse en matière active, mais ces degrés n'ont pas la même valeur pour les différentes substances actives.

L'appareil est réglé de telle sorte que 16^{gr},71 de sucre de canne ou 201^{gr},9 de lactose, ou 225^{gr},63 de glucose en dissolution dans l'eau distillée de manière à faire occuper au liquide un volume exact d'un litre, donnent 100° de déviation à droite quand on examine ces dissolutions dans un tube de 20 de long. Chaque degré du saccharimètre correspond donc :

à 1^{gr},647 de sure de canne.
à 2^{gr},019 de lactose.
à 2^{gr},256 de glycose.

DOSAGE DE LA GLYCOSE DANS LES URINES DIABÉTIQUES,
PAR LE SACCHARIMÈTRE

L'urine est rarement assez peu colorée pour qu'une simple
filtration la rende apte à être examinée au saccharimètre. Le
plus souvent, il faut la décolorer pour pratiquer cet essai;
voici comment : Prenez un petit matras de verre qui porte sur
son col deux traits gravés, l'un indiquant une capacité de
50 centimètres cubes; ajoutez du sous-acétate de plomb
jusqu'au trait 55 centimètres cubes, agitez et jetez sur un
filtre de papier. Si la liqueur ne passe pas parfaitement limpide, reversez sur le filtre les premières portions écoulées; le
liquide ainsi obtenu est généralement assez décoloré pour être
examiné directement.

Pour cela, remplissez un tube de $0^m,20$ de long avec ce liquide, fermez-le avec la glace et l'écrou à vis, placez-le entre
les deux parties du saccharimètre, et observez le changement
de coloration produit sur les deux moitiés du disque. S'il ne
se produit aucun changement dans la coloration, c'est que
le liquide essayé ne contient pas de sucre, s'il y a un changement, tournez le bouton jusqu'au rétablissement de l'égalité
des teintes.

A l'aide du prisme producteur de teintes sensibles, vous
saisirez exactement le point où cette égalité de teinte est rigoureuse.

Notez le nombre de degrés, et au moyen d'une loupe et d'un
vernier, les fractions de degré; multipliez ce nombre par
2,256 pour avoir le poids du sucre, puisque chaque degré du

saccharimètre correspond à $2^{gr},256$ de glycose séchée à 100°. Ajoutez au produit un dixième de sa valeur pour compenser la dilution de 1/10 qui résulte de l'addition du sous acétate de plomb.

Si vous disposez d'un tube de $0^m,22$, employez ce tube pour faire l'observation, il n'y aura aucune correction à faire au produit à cause de la plus grande longueur du tube.

Quelques urines, celles surtout qui renferment de l'urobiline ne sont pas suffisamment décolorées par 1/10 de leur volume d'acétate basique de plomb, pour que l'on puisse les examiner au saccharimètre. Il faut alors faire agir sur l'urine partiellement décolorée par le sel de plomb, le noir animal bien sec, en grains, bien lavé à l'acide HCl, puis à l'eau bouillante. On fait digérer à une douce chaleur le mélange d'urine et de noir animal, on l'agite de temps en temps, puis quand on juge que la décoloration est satisfaisante, on filtre le liquide et l'on procède à l'examen saccharimétrique.

Certaines urines, ordinairement riches en sels minéraux, (chlorures et sulfates), additionnées de 1/10 de leur volume d'acétate basique de plomb, puis filtrées après, donnent un liquide incolore qui se trouble peu à peu et qui n'est définitivement éclairci par une nouvelle filtration qu'autant qu'on l'a vivement agité, puis laissé en repos plusieurs heures.

Ce dépôt plombique est surtout constitué par un chlorure de plomb. Cet inconvénient peut être évité en versant dans une éprouvette graduée de 100 volumes de l'urine, plomb, fer, et y ajoutant peu à peu du *carbonate de soude sec* en poudre, de façon à avoir 101 volumes de liquide.

On agite, on filtre et on tient compte du changement de volume.

URINES ALBUMINEUSES ET SUCRÉES. — DOSAGE DU SUCRE
PAR LE SACCHARIMÈTRE.

L'albumine dévie à gauche le plan du rayon de la lumière polarisée, c'est-à-dire en sens contraire de la glycose. Si donc une urine albumineuse et sucrée était assez incolore pour qu'une simple filtration rendît possible son examen direct au saccharimètre, on obtiendrait un titre trop bas.

La décoloration de l'urine par l'acétate basique de plomb, peut faire craindre, dans quelques cas, de laisser en solution une faible quantité d'albumine capable de faire obstacle à l'appréciation d'une petite quantité de glycose. Il est donc préférable d'opérer sur l'urine privée d'albumine, surtout si la proportion de l'albumine est élevée et celle de la glycose faible. Dans ce but, versez 50 centimètres cubes d'urine brute dans un petit matras, ajoutez-y une à trois gouttes d'acide acétique suivant que l'urine (déjà acide) sera peu ou très chargée d'albumine, placez ce matras dans un bain d'eau bouillante, jusqu'à ce que la coagulation de l'albumine soit complète; laissez refroidir sans séparer le précipité. Ajoutez de l'acétate basique de plomb jusqu'au niveau de 55 centimètres cubes; filtrez et examinez la liqueur incolore au saccharimètre en procédant comme à l'ordinaire.

Quand la quantité de liquide dont on dispose est faible, on dose d'abord l'albumine en opérant sur 100 grammes ou sur 100 centimètres cubes d'urine filtrée, en procédant comme pour le dosage par la liqueur de Fehling. Cela fait, après avoir rétabli le poids ou le volume de l'urine avec les eaux de lavage

du coagulum albumineux, on décolore ce liquide par 1/10 de
son volume d'acétate basique de plomb, on filtre et on procède à l'observation saccharimétrique.

ANALYSE QUALITATIVE ET QUANTITATIVE DU SUCRE DANS LE SANG ET DANS LE FOIE COMME LA PRATIQUAIT CL. BERNARD

Le procédé le plus simple et le plus anciennement employé
consiste à recevoir le sang dans l'eau bouillante ; il ne faut pas
oublier dans ce cas d'ajouter au liquide quelques gouttes
d'acide acétique ou d'un autre acide, de façon à neutraliser
la réaction alcaline du sang ; il faut même obtenir une réaction
légèrement acide pour obtenir que les alcalis ne détruisent le
sucre. On obtient par l'action de la chaleur un coagulum ; on
l'exprime dans un linge, sous une presse, et l'on filtre. Ce procédé ne donne jamais une liqueur suffisamment claire et dans
laquelle les faibles réductions du réactif cuivrique soient parfaitement visibles. C'est pourquoi on a cherché à clarifier ce
liquide, après l'avoir concentré pour obvier à la trop grande
dissolution mêlée à l'eau. Parmi les procédés mis en usage pour
clarifier ce liquide, il en est un qu'il est bon de rappeler ici pour
montrer combien il est important de bien se rendre compte des
conditions dans lesquelles se sont mis les expérimentateurs
avant d'adopter les conclusions de leurs expériences, quelque
probables que soient d'ailleurs leurs conclusions. Nous voulons
rappeler les travaux d'Ambrosiani : nous savons que ce chimiste
italien, recherchant le sucre dans le sang, après avoir traité
celui-ci dans l'eau bouillante, clarifia avec du blanc d'œuf le
liquide obtenu après la filtration, il fit un collage comme on le
pratique pour les vins. Le liquide fut parfaitement clarifié et

Ambrosiani y constata la présence du sucre. Mais Cl. Bernard a montré que le blanc d'œuf contient du sucre, qu'il en contient même plus que le sang à l'état normal, il n'était donc pas surprenant qu'Ambrosiani retrouvât dans sa liqueur la substance sucrée qu'il y avait introduite par le collage. Mac Gregor a opéré de même.

Leurs expériences doivent donc demeurer non avenues, et quoique leurs conclusions affirmatives ne soient pas en opposition avec ce que Cl. Bernard a démontré depuis, la présence constante de sucre dans le sang, nous ne saurions, au point de vue de la critique expérimentale, leur accorder aucune valeur.

Nous employons la vapeur d'eau surchauffée qui crispe le sang sans l'étendre et convient beaucoup mieux que l'eau chaude.

On a, dans une autre manière de procéder, remplacé l'eau bouillante par l'alcool.

On reçoit dans un flacon plein d'alcool à 40° le sang qui se coagule immédiatement; on le malaxe pour obtenir une crispation complète, on jette ce magma sur le filtre et l'on obtient un liquide clair qui renferme tout le sucre en dissolution.

Dans ce cas encore, il est une précaution déjà indiquée, et que l'on ne saurait négliger quand on fait évaporer le liquide au bain-marie : c'est d'ajouter quelques gouttes d'acide acétique ou chlorhydrique, afin d'éviter la destruction du sucre par les alcalis du sang. Il faut laver à plusieurs reprises avec de l'alcool ce qui reste sur le filtre afin d'en extraire tout le sucre.

Mais pour obtenir nettement les caractères du sucre, on ne peut le faire dans une solution alcoolique trop diluée ; il faut donc enlever l'alcool et le remplacer par de l'eau.

A cet effet, on évapore très lentement au bain-marie, et l'on obtient d'abord une alcoolature concentrée.

C'est dans cette alcoolature, préalablement filtrée, que l'on que l'on peut, comme nous le disions plus haut, et suivant Lehmann, produire du saccharate de potasse en y versant une solution alcoolique de potasse. On obtient ainsi un précipité sous forme gélatineuse.

Mais il vaut mieux pousser l'évaporation au bain-marie jusqu'au bout, à siccité, et reprendre le résidu par l'eau, de façon à opérer sur une solution aqueuse.

Dans cette solution aqueuse on cherche le sucre : s'il est assez abondant, on cherche à le faire cristalliser et à l'obtenir en nature, ou bien on fait fermenter la liqueur, ou bien on produit les réactions sus-indiquées : destruction par la potasse, réduction des sels de cuivre, etc.

On prend le sang au sortir des vaisseaux. On y ajoute un poids égal de sulfate de soude en petits cristaux. On mêle le tout et l'on fait cuire vivement à feu nu sans ajouter d'eau et en remuant le mélange pour qu'il ne brûle pas. Bientôt la cuisson produit un caillot noir et spongieux, qui nage, par fragments, dans un liquide plus ou moins abondant, selon l'état de concentration du sang.

On jette le tout sur un filtre et l'on obtient un liquide transparent, incolore, qui ne contient plus d'albumine, mais qui renferme le sucre dans une dissolution de sulfate de soude. Cette solution sucrée de sulfate de soude permet d'obtenir directement la réduction du sel de cuivre dissout dans la soude (liqueur de Fehling).

Mais le sulfate de soude débarrasse-t-il le sang de toutes les substances qui pourraient agir de même sur le tartrate de cuivre? Il y a en effet des substances telles que les urates et le chloroforme qui pourraient se trouver mêlés au sang, et qui ont une action réductrice sur le sel cuivrique.

Pour ce qui est des urates, nous n'avons pas à nous en inquiéter, une épreuve directe démontre que le sulfate de soude les retient dans le caillot sanguin : si en effet on fait une solution d'urates dans l'eau sanguinolente, qu'on fasse cuire cette solution avec un poids égal de sulfate de soude, et qu'on filtre, le liquide obtenu ne produit aucune réaction du liquide de Barreswill ou de Fehling, ce qui prouve qu'il ne contient plus d'urate.

Le chloroforme pourrait parfois se trouver dans le sang, si l'on expérimente sur des animaux anesthésiés. On pourrait donc craindre que dans ces circonstances la réduction obtenue fût due non à du sucre, mais à du chloroforme ; il était à supposer *à priori* que la chaleur à laquelle on soumet le mélange de sang et de sulfate de soude suffisait pour faire disparaître tout le chloroforme par évaporation, et c'est ce que montre en effet l'expérience directe. Si l'on traite une certaine quantité d'eau chloroformée artificiellement par un poids égal de sulfate de soude avec ébullition et filtration, on n'observe plus, dans le liquide obtenu, aucune réduction du sel de cuivre ; il n'y a plus trace de chloroforme.

Ainsi l'usage du sulfate de soude est parfaitement légitime et nous met à l'abri de toute cause d'erreur. La nécessité de son emploi est du reste facile à prouver, si elle avait encore besoin de quelque démonstration. Si l'on prend du sérum sanguin (débarrassé de la fibrine et des globules) et qu'on cherche à y produire directement la réduction du sel de cuivre, on voit que cette réaction ne se fait pas nettement : elle est masquée par les substances albuminoïdes. Si, au contraire, on fait bouillir ce sérum avec du sulfate de soude et qu'on filtre, on obtient un liquide dans lequel les moindres traces de sucre donnent une réduction des plus caractéristiques.

En résumé, nous nous sommes arrêté à l'emploi du sulfate de soude pour rechercher le sucre dans le sang. Il est nécessaire et suffisant pour obtenir un liquide où la réaction du sucre se constate au moyen du liquide cuprique avec la plus grande facilité, sans aucune source d'erreur.

Quand on laisse le liquide se cristalliser par refroidissement, tout le sucre se trouve dans les eaux-mères. Il est possible d'appliquer la fermentation à ce cas, parce que le sulfate de soude n'empêche pas la levûre de bière d'agir; en outre, ɪs l'on veut obtenir le sucre du sang en nature, on pourra précipiter la liqueur par l'alcool (eaux-mères) en ayant soin de refroidir le mélange; le sulfate de soude sera précipité et le sucre restera dans le liquide; on séparera par le filtrage et en traitant successivement des quantités de sang assez considérables on pourra obtenir le sucre pur. Cette manière d'opérer réussit très bien pour extraire en nature le sucre du foie, ainsi que nous le verrons plus tard.

Nous rappellerons ici la composition de la liqueur de Fehling d'après la formule d'une liqueur titrée de ce genre, telle que l'emploie M. Peligot.

Sulfate de cuivre...................... $36^{gr},40$
Sel de Seignette...................... 200
Lessive de soude...................... (24°B) 300 c. cub.

Il faut dissoudre le sel de seignette dans la lessive de soude, ajouter de l'eau en quantité suffisante pour faire un litre à 15°.

Cette liqueur est préparée de manière que son titre est exactement déterminé par le fait même ; et en effet, comme le prouve l'expérience de contrôle, la décoloration ou la précipitation complète de 1 c. cub. de cette liqueur bleue correspond à 5 milligr. de sucre.

C'est donc cette liqueur qui nous sert à doser le sucre dans le sang. Insistons sur ce fait, que le liquide de Fehling dont nous venons d'indiquer la composition, n'est pas sujet à une réduction spontanée ; il se conserve sans altération, surtout si on le garde à l'abri du contact de la lumière, pendant des mois et des années, et nous avons des flacons conservés depuis longtemps au laboratoire, dans le fond desquels il ne s'est produit aucun précipité.

Du reste, l'expérience directe montre que ces liquides ont conservé le même titre que lors de leur préparation.

Récapitulons maintenant d'une manière pratique ce procédé, depuis l'extraction du sang jusqu'à la constatation de la réaction, en indiquant les calculs qui, basés sur cette réaction, nous donnent la teneur en sucre du liquide examiné.

Manuel opératoire. — Pour doser le sucre dans le sang, nous recevons 25 grammes de sang dans une capsule de porcelaine tarée. On ajoute 25 grammes de sulfate de soude en petits cristaux, ce qui fait en tout 50 grammes ; on mélange et l'on place le tout sur la flamme du gaz ou de la lampe à alcool. Nous avons déjà dit que par la cuisson il se produit un coagulum d'abord rutilant, puis noir spongieux mêlé à un liquide plus ou moins abondant. Il faut alors, comme l'évaporation a fait perdre pendant la cuisson une certaine quantité de liquide, rétablir le poids primitif en ajoutant une quantité suffisante d'eau distillée. On peut alors filtrer ou exprimer, et c'est dans le liquide obtenu que l'on dose le sucre.

A cet effet nous nous servons d'une pipette graduée dite pipette de Moore ; elle est verticalement fixée et se continue à son extrémité inférieure par un ajutage de caoutchouc, sur lequel est appliquée une pince à pression continue. On peut, en agissant sur cette pince, déterminer un écoulement du liquide qui remplit la pipette, écoulement que l'on peut graduer, de manière à le produire même goutte par goutte. Notons à ce propos que les pinces dans lesquelles la compression et la décompression se produisent à l'aide d'une petite vis, sont les meilleures, les plus précises. Le liquide auquel la pince laisse passage s'écoule par un tube de verre.

Tel est l'appareil : c'est dans cette pipette que l'on reçoit le produit de la filtration du sang cuit avec le sulfate de soude. Si l'on opère en hiver, par une température basse, il sera bon de placer cet appareil près d'une source de chaleur, pour éviter qu'il ne soit trop froid et ne produise ainsi la cristallisation de la solution concentrée de sulfate de soude, ce qui amènerait l'obstruction de l'orifice du tube d'écoulement de la pipette.

D'autre part, on verse dans un ballon de verre 1 c. cub. de la liqueur bleue titrée : on y ajoute 17 à 20 c. cub. d'une solution concentrée et récente de soude ou de potasse. Alors on bouche le ballon avec un bouchon à deux trous. Dans l'un de ces trous entre, à frottement, le tube d'écoulement de la pipette ; dans l'autre est placé un tube en verre recourbé destiné à donner issue à la vapeur d'eau qui se dégagera lors de l'ébullition, et muni à son extrémité d'un tube de caoutchouc sur lequel on applique une pince à pression. Cette disposition a l'avantage suivant : lorsque le contenu du ballon est entré en ébullition, et qu'une certaine quantité de vapeur d'eau s'est échappée par le tube en question, entraînant l'air du ballon, on ferme ce tube (par la pression de la pince sur le caoutchouc) et l'on opère alors la réaction à l'abri de l'air.

Pour opérer, on se sert de la flamme d'une lampe à alcool ou d'un bec de gaz au-dessus du ballon contenant le liquide bleu additionné de soude ou de potasse, et l'on chauffe. Dès que l'é-bullition se produit, on note la division de la pipette où s'arrête le niveau supérieur du liquide (liqueur provenant du sang) qu'elle contient, et l'on agit sur la pince à pression continue, de manière à déterminer l'écoulement de ce liquide, d'abord en un petit filet, puis goutte à goutte, à mesure que l'on approche de la fin de la réaction. Il est inutile de maintenir, comme on le faisait autrefois, en ébullition, la liqueur bleue du ballon dans lequel vient tomber le contenu de la pipette. La présence du bouchon à deux ouvertures, dont nous avons donné la description, nous permet, par la fermeture du tube qui communique avec l'extérieur, d'opérer à l'abri de l'air. Du reste, dans ces circonstances, en retirant la lampe à alcool, on voit l'ébullition se continuer (dans le vide).

Voici ce qui se produit alors : le sucre contenu dans le li-quide de la pipette, réduit et décolore le sel de cuivre contenu dans le ballon; mais vu la présence d'un alcali puissant, de la soude ou de la potasse ajoutées en excès à la liqueur de Fehling, le précipité d'oxydule de cuivre est redissous à mesure de sa formation, de telle sorte qu'il n'y a pas de coloration jaune ou rouge : il y a simplement décoloration de la liqueur bleue. Si l'on ne maintenait pas le réactif en ébullition, ou si l'on n'opé-rait pas à l'abri de l'air, on verrait la liqueur bleue se refor-mer, et c'est là une cause d'erreur contre laquelle on ne saurait trop se tenir en garde.

Il faut une certaine habitude pour juger du moment où la décoloration est parfaite et ne pas dépasser ce point : une excellente précaution est de placer de l'autre côté du ballon une feuille de papier blanc verticale, de sorte qu'il est facile, sur ce fond blanc, de juger de l'instant précis où les dernières traces de bleu ont disparu : on arrête alors l'écoulement du liquide de la pipette, et l'on note le degré où est descendu le niveau supérieur de ce liquide. Dès lors, l'opération est finie ; il ne s'agit que d'en interpréter le résultat par le calcul.

Supposons qu'au début de l'opération le niveau supérieur du liquide sucré fût à 24,8 et qu'après la décoloration du liquide bleu il soit descendu à 18,3. Comme ces divisions indiquent des centimètres cubes, nous dirons qu'il a fallu 24,8 — 18,3, c'est-à-dire 6,5 c. cub. de la liqueur du sang pour décolorer 1 c. cub. de notre liqueur bleue. Or, comme 1 c. cube de cette dernière liqueur correspond, avons-nous dit, à 5 milligrammes de sucre, nous en concluons que 5 milligrammes de sucre sont contenus dans 6,5 c. cub. de la liqueur qu renfermeait la pipette : tel est le résultat brut de l'opération. Mais de cette donnée numérique, il faut en déduire une autre, relative au sang lui-même. Rien n'est plus simple que le calcul qui nous donnera ce résultat.

Si 6,5 c. cub. du liquide contiennent 5 milligrammes de glucose, 50 c. cub. du liquide (25 de sang, 25 de sulfate de soude) contiendraient 0,046.

Mais ces 50 c. cub. représentent 25 grammes de sang et 25 grammes de sulfate de soude. Nous avons donc les 0,046 de sucre contenus uniquement dans les 25 grammes de sang.

Une nouvelle proportion nous permet de conclure que si

25 grammes de sang contiennent 0,046 de sucre, 1,000 grammes en contiendront 1,53.

Donc, dans la détermination prise pour type, le sang contient $S = 1$ gr. 53 pour 1000.

Les chiffres obtenus par le calcul que nous venons d'indiquer sont suffisants pour les expériences comparatives ; car, obtenus dans les mêmes circonstances et par les mêmes procédés, ces chiffres sont parfaitement comparables entre eux. Mais ces chiffres ne représentent pas la quantité absolue de sucre contenue dans le sang. Or, nous voulons évaluer cette quantité absolue lorsque nous voulons comparer nos résultats non plus seulement entre eux, mais encore avec ceux obtenus par d'autres expérimentateurs.

Pour arriver au chiffre absolu, nous devons faire subir à ceux que nous avons obtenus certaines corrections. Nous avons, en effet, dans les calculs précédents, transformé des poids en volume sans tenir compte de ce que la densité des liquides en expérience n'est pas la même que celle de l'eau. Cette première correction est facile à effectuer, nous avons pris 25 grammes de sang et 25 grammes de sulfate de soude, et nous avons calculé comme si la somme de ces deux poids était, en volume, équivalente à 50 c. cub. ; or l'appréciation directe montre que le mélange de 25 grammes de sang et de 25 grammes de sulfate de soude occupe seulement un volume de 38 c. cub.

Nous arrivons donc au raisonnement suivant :

25 grammes de sang + 25 grammes de sulfate de soude donnent 38 c. cub. d'un liquide qui contient tout le sucre (des 25 grammes de sang).

D'autre part, 1 c. cub. de notre liqueur titrée (liqueur de Fehling) répond à 5 milligrammes de sucre.

Soit n le nombre des centimètres cubes du liquide de la pipette nécessaire pour décolorer 1 c. cub. de la liqueur de Fehling; nous pouvons dès lors poser l'équation :

$$n \text{ c.c.} = 5 \text{ milligr. de sucre.}$$

Et par suite :

$$1 \text{ c.c. (de la liqueur de la liqueur de la pipette} = \frac{5 \text{ milligr.}}{n}$$

Donc.

$$38 \text{ c.c.} = \frac{5}{n} \times 38 = \frac{190}{n}$$

Mais 38 c. cub. nous représentent 25 grammes de sang, et par suite $\frac{190}{n}$ nous indique la teneur en sucre de ces 25 grammes de sang. La teneur d'un litre de sang (40 fois plus) sera représentée par :

$$\frac{190 \text{ milligr.}}{n} \times 40 = \frac{7600 \text{ milligr.}}{n}.$$

DOSAGE DU SUCRE DANS LE FOIE

On divise un morceau de foie en fragments de petit volume, puis nous l'écrasons. On pourrait se contenter pour cela de le piler dans le mortier ordinaire, comme nous le faisions jusqu'ici. Mais pour opérer plus rapidement, nous emploierons une machine un peu plus commode, qui est d'un usage ordinaire depuis que les médecins ont pris l'habitude de prescrire la viande crue à certains malades.

La pulpe obtenue par le broiement du foie à l'aide de cette machine, est mélangée à de l'eau dans laquelle on la fait chauffer et bouillir quelque temps avant de filtrer. On ajoute aussi une certaine quantité de charbon animal qui s'emparera des matières colorantes et fournira ainsi à la filtration une liqueur incolore, condition favorable à l'emploi des réactifs cupriques.

EXPÉRIENCES

EXPÉRIENCE I. — Chien sain de petite taille, poids 7068 gr. — Piqûre du plancher du quatrième ventricule. — Diabète artificiel. — Dosage du sucre dans l'urine.

2 mars 1882. — Je fais une piqûre au quatrième ventricule à 10 heures du matin. Le chien est placé dans une cabine à fond en plomb et à plan incliné. L'animal succombe dans la nuit qui suit l'opération.

$$\text{Quantité d'urine recueillie} \dots 120^{cc}$$
$$\text{Densité} \dots 1050$$

Par le procédé décrit, nous trouvons qu'un centim. cub. d'urine contient $0^{gr},10$ de glycose.

Les 120^{cc} recueillis contiennent $10^{gr},909$ de glycose ou $9^{gr},083$ pour 100.

EXPÉRIENCE II. — Chien très intoxiqué de moyenne taille. — Poids $10^{k},772$. Injections hypodermiques d'arséniate de soude au 40° pendant six jours. Piqûre du 4° ventricule le 7° jour. Diabète artificiel. Dosage du sucre dans l'urine et dans le foie.

Nous administrons à cet animal sous forme d'injection hypodermique une solution aqueuse d'arseniate de soude au 40° contenant par conséquent $0^{gr},025$ pour un gramme.

	Poids de l'animal.	Arséniate de soude injecté.
7 mars.	10772 gr.............	0,10
8 —		0,10 Pas de sucre.
9 —		0,10
10 —		0,10 Pas de sucre. Diarrhée. Vomissement.
11 —		0,075 Pas de sucre. Diarrhée.
12 —	7860 gr. Perte 912 gr.	0,075 Diarrhée.
13 —		0,05 —

Le chien a donc pris 0^{gr},60 d'arséniate de soude en 7 jours.

Le 14 mars piqûre du 4e ventricule.

Le 15. Urine des 24 heures, 130^{cc}.

Densité, 1023.

Les 130^{cc} d'urine contiennent 0^{gr},175 de sucre, soit 0^{gr},134 pour 100^{cc} d'urine.

16 mars. L'animal est tué par hémorrhagie, afin de pouvoir doser immédiatement le sucre contenu dans le foie. On sait que cette recherche doit être pratiquée dans les premiers instants qui suivent la mort. Nous employons le procédé décrit ci-dessus et dans 140 grammes de tissu hépatique nous trouvons 0^{gr},1825 de sucre, c'est-à-dire 0,13 pour 100.

Examen histologique. — Quelques morceaux de foie coupés très petits séjournent dans l'acide osmique pendant quarante-huit heures, puis dans une solution gommeuse vingt-quatre heures, et autant dans l'alcool. Il nous est alors donné de constater, au microscope que les cellules hépatiques présentent des grains noirs très nombreux; ce sont des granulations graisseuses colorées par l'acide osmique. Elles sont disséminées dans toute l'étendue du lobule. Cette dissémination est d'autant plus importante qu'elle peut servir à distinguer l'empoisonnement par l'arsenic de l'empoisonnement par le phosphore; dans celui-ci en effet les granulations graisseuses occupent la périphérie du lobule, et les cellules centrales ont leur forme et leurs dimensions normales. Ces altérations sont donc analogues à celles si exactement décrites par le professeur Cornil et par Brault à la Société de biologie le 7 janvier 1882.

EXPÉRIENCE III. — Chien assez fortement intoxiqué. — Poids, 7256 grammes. Injection d'une solution d'arséniate de soude pendant douze jours. Piqûre du 4e ventricule le 12e jour. Diabète artificiel. Dosage du sucre dans l'urine.

17 février. On fait avaler à cet animal de l'arséniate de soude cristallisé à la dose de 0^{gr},05.

	Arséniate de soude.	Poids.	
18 février.	0.05		
19 —	0.02	7256 gr.	ni sucre, ni albumine dans l'urine.
20 —	0.02		
21 —	0.02	7629 gr.	Diarrhée.
22 —	0.02	7155 gr.	Diarrhée et vomissement.
23 —	0.05	7868 gr.	Pas de sucre.

Les vomissements nous forcent à donner l'arséniate de soude en solution aqueuse additionnée de lait.

	Arséniate de soude.	Poids.	
24 février.	0.05	....	Vomissements. Diarrhée.
25 —	0.05	7079 gr.	Pas de sucre.
26 —	0.05	6990	
27 —	0.05		
28 —	0.05	6051	

Cet animal a donc avalé en douze jours 0,43 centigr. d'arséniate de soude et il a perdu 105 grammes de son poids.

Le 1er mars. Piqûre du plancher du 4e ventricule.

Le 2 mars. Urine des 24 heures, 80^{cc}.

Les 80^{cc} contiennent 0^{gr},228 de glycose, c'est-à-dire 0^{gr},285 pour 100.

Le 3 mars. L'animal a succombé hier. Nous recueillons 33^{cc} d'urine qui contiennent 0^{gr},018 de sucre soit 0^{gr},054 pour 100.

La dégénérescence graisseuse du foie est très prononcée.

EXPÉRIENCE IV. — Chien du poids de 7350 grammes moyennement intoxiqué. Injections hypodermiques d'arséniate de soude au 40e pendant 6 jours. Piqûre du plancher du 4e ventricule; diabète artificiel. Dosage du sucre dans l'urine et dans le foie.

		Arséniate de soude.	Poids.
8	mars.	0.10	
9	—	0.10	7350 gr. Pas de sucre.
10	—	0.05	
11	—	0.25	
12	—	0.25	6058 gr.
13	—	0.25	
14	—	0.05	
		$0^{gr}400$	

15 mars. — Piqûre du plancher du 4e ventricule.
16 — — Quantité totale d'urine................ 45^{cc},
Densité............................. 10.28

On trouve dans les 45^{cc} d'urine $1^{gr},125$ de sucre, ce qui fait $2^{gr},5$ pour 100.

17 mars. Urine des 24 heures 38^{cc} contenant $0^{gr},726$ de sucre, soit $1^{gr},90$ pour 100.

Le chien est tué par hémorrhagie pour qu'on puisse rechercher le sucre dans son foie.

Examen du foie. — Par le procédé déjà décrit nous obtenons pour 210 grammes de tissu hépatique $0^{gr},2183$ de glycose, soit pour 100 grammes de foie $0^{gr},1036$ de sucre.

Examen microscopique. — Des coupes faites sur le foie de ce chien traité comme les précédentes, offrent aussi des grains noirs, mais beaucoup moins nombreux que dans les cellules du foie du chien de notre deuxième expérience. On rencontre également ces granulations dans tous les points du lobule.

EXPÉRIENCE V. — Chien griffon petit très fortement intoxiqué. Injections hypodermiques d'une solution d'arséniate de soude (1 pour 40 grammes d'eau distillée) pendant 22 jours. — Piqûre du 4ᵉ ventricule à deux reprises. — Diabète
artificiel. Dosage du sucre dans l'urine.

Du 30 mars au 3 avril, on injecte chaque jour 0ᵍʳ,025 d'arséniate
de soude; du 4 au 21 avril on double la dose, 0ᵍʳ,05 ce qui fait en
tout 1 gramme d'arséniate. Amaigrissement considérable.

Le 22 avril à 10 heures du matin, piqûre du 4ᵉ ventricule; l'animal marche bien, ne tousse pas, ne tombe pas, il mange seul.

Le 23 avril. Urine des 24 heures, 88ᶜᶜ. Cette urine contient des
traces de sucre, mais trop peu pour pouvoir le doser.

Le 24 avril. Urine des 24 heures 385ᶜᶜ; pas trace de sucre. Nouvelle piqûre du 4ᵉ ventricule. Nystagmus bilatéral, l'animal se tient
debout, il marche sans tomber.

Le 25 avril. L'urine des 24 heures 78ᶜᶜ. Dosage du sucre 76ᶜᶜ d'urine
contiennent 0ᵍʳ,05 centigrammes de glycose; les 98ᶜᶜ contiennent
0,064 milligrammes.

EXPÉRIENCE VI. — Chien sain du poids de 14 500 grammes. Piqûre du plancher du 4ᵉ ventricule. — Piabète artificiel. Dosage du sucre dans l'urine.

Le 27 avril à 7 heures du matin, piqûre du plancher du 4ᵉ ventricule.

L'animal succombe dans la soirée.

Urine recueillie, 105ᶜᶜ.

Dosage du sucre.

2ᶜᶜ,4 d'urine contiennent 0ᵍʳ,10 de glycose.

Les 105ᶜᶜ contiennent 4ᵍʳ,375 ou 4ᵍʳ,166 pour 100.

L'urine contenue dans la vessie a été recueillie au moment de
la mort.

EXPÉRIENCE VII. — Chien de moyenne taille, fort, 15206 gr. — Injections hypodermiques d'une solution de phosphore dans l'éther $0^{gr},50$ pour 200 pendant 16 jours. — Piqûre du plancher du 4ᵉ ventricule. — Diabète artificiel. — Dosage du sucre dans l'urine.

Du 30 mars au 14 avril, injection tous les jours de $0^{gr},00125$ de phosphore, ce qui fait un total de $0^{gr},02$ centigrammes en 16 jours.

Le 5 avril l'animal commence à maigrir ; il a des vomissements.

Le 15 avril l'amaigrissement est très considérable, il a vomi tous les jours depuis le 6 avril.

A 10 heures du matin on fait la piqûre du plancher du 4ᵉ ventricule.

Le 16 avril à 10 heures du matin l'animal n'a pas encore uriné ; à 11 heures, au moment où on veut l'examiner, il rend 85^{cc} d'urine.

Dans 32^{cc} d'urine on dose 5 centigrammes de glycose.

Les 85^{cc} contiennent 132 milligrammes.

Le 17 à 5 heures du soir on recueille l'urine et l'on trouve depuis la veille 11 heure ; du matin c'est-à-dire l'urine de 30 heures) 354^{cc} ou 283^{cc} pour 24 heures.

35^{cc} réduisent 2^{cc} de liqueur de Bareswill. Les 354^{cc} d'urine contiennent 101 milligrammes ou $0^{gr},080$ pour les 283^{cc}.

Le 18 à 5 heures du soir l'urine des 24 heures s'élève à 218^{cc} ; elle ne présente plus trace de sucre. Pendant les quatre jours (15, 16, 17 et 18) on a fait avaler à l'animal un demi-litre de lait par 24 heures.

TABLEAU MONTRANT LES VARIATIONS DU SUCRE DANS LES URINES APRES LA PIQURE DU PLANCHER DU QUATRIÈME VENTRICULE A L'ÉTAT SAIN ET APRÈS LES INTOXICATIONS ARSENICALES ET PHOSPHORÉES.

A. ARSENIC	QUANTITÉ d'urine	DENSITÉ	SUCRE total	SUCRE pour 100cc d'urine
Chien non intoxiqué avec diabète artificiel.	120cc	1030	10gr,909	9gr,083
Chien intoxiqué avec dégénérescence graisseuse très accentuée du foie et des reins.	130cc	1823	0gr,175	0gr,134
Chien intoxiqué avec dégénérescence graisseuse	80cc	1024	0gr,228	0gr,285
Chien intoxiqué avec dégénérescence graisseuse	45cc	1025	1gr,125	2gr,5
Faible	38cc	1824	0gr,726	1gr,90
B. PHOSPHORE				
Chien intoxiqué........	85cc	»	0gr,132	0gr,155
avec stéatose très nette.	354cc	»	0gr,101	0gr,028

On peut voir que le chien non intoxiqué et rendu diabétique excrète 10gr,909 de sucre en 24 heures, tandis qu'un chien du même poids, intoxiqué par l'arsenic et diabétique, n'excrète que 0gr,175 de sucre dans le même temps.

La conclusion est que l'agent stéatogène diminue ou fait cesser la glycosurie : toutes les expériences conduisent au même résultat.

Toutefois, lorsque la stéatose est faible, la proportion de sucre trouvé dans le sang, le foie et les urines, est plus forte que dans les cas où la stéatose est très avancée. Nous en voyons un exemple dans le quatrième chien du tableau.

La loi est donc constante : dans le cours d'une intoxication arsenicale avec stéatose, si l'on vient à piquer le plancher du 4ᵉ ventricule dans le point qui donne naissance au diabète artificiel, on trouve qu'il y a diminution ou cessation de la glycogénie, de la glycémie et de la glycosurie.

SECONDE PARTIE

Dans nos expériences sur les animaux, il a été facile, en multipliant et en variant les dosages, d'arriver à une démonstration exacte, rigoureuse, des effets du stéatogène sur le diabète artificiel; il n'en est pas de même pour l'homme, où les conditions de l'observation sont si diverses et si difficiles à apprécier; c'est ce qui explique les opinions divergentes de médecins éminents. Toutefois on peut dire que l'arsenic, à la dose de 15 à 25 gouttes dans les vingt-quatre heures et à la période d'état du diabète, produit une diminution de la quantité de sucre rejeté par les urines : cette atténuation sera variable, tantôt faible, tantôt forte, l'alimentation restant la même avant et pendant la médication arsenicale; chez certains malades la diminution est passagère, chez d'autres elle est durable.

L'action est même évidente dans les cas assez défavorables que nous rapportons ici; il s'agissait de diabétiques âgés, parvenus à une phase avancée de la maladie : cependant la glycosurie a diminué; toutefois il n'en est pas toujours ainsi, et il est des cas où l'arsenic ne produit aucun effet. Il est aussi des malades chez lesquels, où malgré la diminution du sucre, l'état général reste le même, ou subit ses modifications régulières.

OBSERVATION I. — Maison des Ménages.

Madame veuve, D... 68 ans, entre à l'infirmerie le 7 septembre 1881.
Père mort d'hémorrhagie cérébrale.

Pas d'enfants.

N'a jamais été malade, à part l'asthme qu'elle dit avoir eu pendant longtemps et qui aurait disparu depuis quelques années.

Il y a deux mois, elle s'est aperçue qu'elle avait la bouche très sèche, la langue noirâtre. Elle dit avoir beaucoup maigri, avoir toujours soif. Elle digère assez bien, n'est pas constipée. Les gencives sont molles. La peau est rugueuse, et l'épiderme des membres inférieurs offre un aspect ichthyosique. L'urine contient une énorme quantité de glycose. Ce principe est recherché par les mêmes moyens que ceux qui ont été employés pour l'urine de nos animaux.

L'urée a été dosée d'après notre procédé décrit page 14 de ce traité technique de chimie biologique.

Traitement. — Liqueur de Fowler, 10 gouttes.

5 septembre..	Urine des 24 heures........	4 litres.
	Densité...................	1037
	Urée.....................	48 grammes.
	Sucre......	300
9 septembre..	Urine....................	3 litres.
	Densité..................	1040
	Urée.....................	46 grammes.
	Sucre....................	292
10 septembre.	Urine....................	3 litres 50.
	Densité..................	1040
	Urée.....................	40 grammes.
	Sucre....................	278
16 septembre.	Urine....................	2 litres 50.
	Urée.....................	40 grammes.
	Sucre....................	270
20 septembre.	Urine....................	2 litres 45.
	Densité..................	1037
	Urée.....................	23 grammes.
	Sucre....................	292 grammes.

26 septembre.	Urine	3 litres.
	Sucre	214gr,26
30 septembre.	Urine	3 litres 35
	Sucre	219gr,42
1er octobre ...	Urine	2 litres 9
	Urée	2 litres 9
	Sucre	293 litres 08
3 octobre.....	Urine	3 litres
	Urée	17 grammes.
	Sucre	218 gr. 40
8 octobre.....	Liqueur de Fowler	15 gouttes
9 octobre.....	Urine	1 litre 60
	Sucre	136 grammes.
15 octobre....	Liqueur de Fowler	20 gouttes
16 octobre...	Urine	2 litres 50
	Urée	14 gr. 12
	Sucre	142 gr. 25
18 octobre....	Urine	2 litres 10
	Urée	13 gr. 74
	Sucre	134 grammes.
20 octobre....	Urine	2 litres 45
	Urée	13 gr. 026
	Sucre	13 gr. 25
21 octrobre...	Urine	2 litres 45
	Urée	10 gr. 854
	Sucre	139 gr. 25
22 octobre ...	Urine	2 litres 35
	Urée	11 gr. 15
	Sucre	127 gr. 25
23 octobre ...	Urine	2 litres 10
	Urée	10 gr. 18
	Sucre	129 gr. 65
24 octobre....	Liqueur de Fowler	25 gouttes
25 octobre....	Urine	2 litres 5
	Urée..	11 gr. 15
	Sucre	123 gr. 75
26 octobre....	Urine	2 litres 10
	Urée	16 gr. 96
	Sucre	123 gr. 80

Suppression de la liqueur arsenicale.

On traite la malade par l'alcool pendant quinze jours, puis par le bicarbonate de soude ; sous cette influence elle est arrivée aux chiffres de 230 grammes de sucre le 16 novembre, de 308 et 312 grammes les 24 et 25 novembre. Le 26 on revient à la liqueur de Fowler dont on lui prescrit d'emblée 30 gouttes.

26 novembre..	Urine......................	. 3 litres 100
	Urée......................	10 gr. 67
	Sucre.....................	300 gr. 65
27 novembre..	Urine......................	. 2 litres 800.
	Urée......................	10 gr. 30
	Sucre.....................	286 grammes.
	Liqueur de Fowler..........	16 gouttes
28 novembre..	Urine......................	2 litres 600
	Urée......................	10 gr. 46
	Sucre.....................	285.gr. 33
29 novembre..	Urine......................	2 litres 600
	Urée......................	11 gr. 12
	Sucre.....................	246 gr. 25
	Liqueur de Fowler..........	20 gouttes
30 novembre..	Urine......................	2 litres 250
	Urée......................	10 gr. 286
	Sucre.....................	205. gr. 75
1er décembre.	Urine......................	2 litres 100
	Urée......................	10 gr. 36
	Sucre.....................	137 gr. 62

On supprime de nouveau le traitement arsenical, et la malade, soumise au régime azoté, présente le 12 décembre 275 grammes de glycose, chiffre qu'elle a atteint graduellement depuis la suppression de l'arsenic. Elle sort de l'infirmerie.

OBSERVATION II

Madame Dag..., 68 ans, entre à l'infirmerie des Ménages, le 24 octobre 1881.

Jamais de pneumonie, de pleurésie, ni de battements du cœur. A eu, il y a huit ans, un eczéma des jambes qui a duré six semaines. Il reste aujourd'hui une légère desquamation sèche. Elle se sent mal à l'aise depuis un mois.

État actuel : — Rien du côté des poumons ; pas d'oppression. A la pointe du cœur souffle intense systolique légèrement musical. A la base, ce souffle est attenué : le deuxième temps est claquant à la base et à la pointe ; pas de souffle.

Langue chargée, sèche ; soif ardente. Depuis un mois et demi, cette malade a envie de boire. Amaigrissement notable depuis deux mois. Démangeaisons à la paume des mains et à la plante des pieds.

L'urine des vingt-quatre heures contient une énorme quantité de sucre.

PRESCRIPTION 10 GOUTTES DE LIQUEUR DE FOWLER

25 octobre...	Urine des 24 heures.........	2 litres 5
	Sucre......................	191 gr. 99
26 octobre....	Urine.....................	2 litres
	Sucre.....................	133 gr. 33
	Liqueur de Fowler..........	15 gouttes
28 octobre....	Urine.....................	1 litres 5
	Sucre....	124 gr. 22
	Liqueur de Fowler..........	20 gouttes
29 octobre....	Urine.....................	1 litre 6
	Sucre.....................	111 gr. 11
30 octobre...	Urine.....................	1 litre
	Sucre.....................	70 gr. 42
	Liqueur de Fowler..........	30 gouttes
1er décembre.	Urine.....................	1 litre
	Sucre.....................	65 gr. 20

La malade éprouve des nausées et des vomissements qui obligent à cesser le traitement. — Exeat.

CHAPITRE VI

MÉTHODE AYANT SERVI A SCHUTZENBERGER POUR DÉTERMINER LA
NATURE ET LA CONSTITUTION DES ALBUMINOÏDES, MÉTHODE EM-
PLOYÉE PAR E. QUINQUAUD POUR FAIRE L'ANALYSE DU PROTOPLASMA
DES TISSUS A L'ÉTAT PHYSIOLOGIQUE ET A L'ÉTAT PATHOLOGIQUE.

La méthode expérimentale consiste à chauffer dans un vase
hermétiquement clos, un mélange de matière albuminoïde et
d'une solution concentrée d'hydrate de baryte.

Les proportions relatives de substance organique et d'hydrate de baryte, la température à laquelle ce mélange est
porté, ainsi que la durée de l'expérience sont variées entre
certaines limites. L'influence de ces modifications sur le mode
de décomposition est déterminée par l'examen des produits
formés.

Pour éviter l'action assez énergique qu'exerce l'hydrate de
baryte sur le verre, lorsqu'on dépasse 100 degrés, et même
déjà à cette température si l'on prolonge le contact, nous
avons fait constamment usage d'un vase en acier fondu.

L'appareil se compose d'un cylindre creux foré dans un bloc
fondu, à parois internes bien polies. L'épaisseur du vase est
suffisante pour lui permettre de résister à des pressions bien
supérieures à celles auxquelles il est soumis. Le cylindre est
fermé par un bouchon en acier fortement appliqué, par l'inter-

médiaire d'un étrier en fer forgé et d'une vis de pression. Le joint est rendu hermétique par une rondelle en plomb placée entre le cylindre et le bouchon. Le métal comprimé pénètre dans une série de fines gouttières circulaires et concentriques, creusées dans la section annulaire supérieure de la paroi du cylindre. On évite ainsi les moindres fuites et le niveau du liquide ne varie pas même après trois jours d'expérience à 200 degrés.

Quelles que soient les conditions de proportion, de température et de durée des chauffages, le traitement du contenu du vase s'exécute de la même manière.

Celui-ci n'est ouvert qu'après refroidissement complet.

Généralement, on constate l'absence de pression et de gaz insolubles dans l'eau ; quelquefois, si la température a été portée à près de 200 degrés et si l'on a employé une forte proportion de baryte, il sort un peu d'hydrogène du cylindre au moment où l'on desserre la vis. Cet hydrogène provient d'une action secondaire du fer sur l'hydrate de baryte.

Le contenu répand une odeur ammoniacale prononcée, accompagnée d'une odeur désagréable rappelant celle des matières fécales; il se compose d'un liquide ou solution aqueuse jaune ambré et d'un dépôt solide formé de cristaux d'hydrate barytique et d'un précipité grenu grisâtre, constitué par des sels barytiques insolubles.

Le tout est versé dans une grande fiole à fond plat. On lave l'intérieur du vase à l'eau froide, de manière à réunir dans la fiole la totalité de la baryte et du dépôt insoluble, et à ne rien laisser dans le vase métallique. Au moyen d'une tige cylindrique de bois, munie d'une brosse en fils de fer, on arrive facilement à détacher les parties du dépôt adhérentes aux parois lisses du cylindre en acier.

La fiole qui doit être d'une capacité double du volume du liquide qu'elle reçoit, est mise en communication avec un réfrigérant de Liebig descendant. Celui-ci est relié à deux flacons de 1 litre de capacité, à gros goulot, munis de bouchons en liège percés de deux. trous, et fonctionnant comme des flacons de Woolf. Le premier, celui qui est en relation avec le réfrigérant est vide; le deuxième relié au premier par un tube adducteur plongeant jusqu'au fond, renferme une solution moyennement concentrée d'acide HCl. La fiole est chauffée sur un bain de sable. On distille assez de liquide pour expulser toute l'ammoniaque et les produits volatils en même temps qu'une certaine quantité d'eau.

L'opération étant terminée, on mélange la solution chlorhydrique du deuxième flacon avec l'eau ammoniacale distillée et condensée dans le premier, le tout est étendu à 1 litre et conservé pour le dosage de l'ammoniaque. L'acide HCl employé doit être plus que suffisant pour saturer l'ammoniaque.

Le liquide barytique resté dans la fiole, complètement privé d'AzH^3 et de produits volatils n'a plus qu'une odeur peu marquée. On le verse encore chaud sur un filtre taré, à l'abri de l'acide CO^2 de l'air. La partie insoluble restée sur le filtre est lavée à l'eau bouillante, séchée et pesée.

Elle se présente sous forme de poudre grenue, cristallisée, gris-clair, quelquefois jaunâtre par suite de la présence d'oxyde de fer formé par l'attaque des parois du cylindre.

. Les expériences directes ont montré que vers 200 degrés, l'hydrate de baryte en solution concentrée agit sur le fer et donne production à de l'oxydule de fer et à de l'hydrogène.

Le liquide filtré est complètement précipité par un courant prolongé d'acide CO_2 jusqu'à refus d'absorption. Il reste toujours une certaine quantité de baryte non éliminable par l'acide CO_2. Cette quantité varie suivant que la précipitation a lieu dans le liquide froid ou maintenu à l'ébullition ; dans le deuxième cas elle est plus élevée.

Il convient donc pour avoir des résultats constants d'opérer toujours la précipitation par l'acide CO_2 dans les mêmes conditions, soit à froid, soit à l'ébullition.

On filtre et on lave à l'eau jusqu'à épuisement. Le liquide filtré et les eaux de lavage sont concentrés et la baryte restée en solution est exactement précipitée par l'acide SO_3HO. On filtre et on lave le sulfate de baryte qui est séché et pesé : le poids donne en équivalent de bases la quantité d'acides forts contenue dans le mélange. La constance du résultat fourni dans diverses expériences, faites avec une même substance albuminoïde, permet d'utiliser cette donnée dans la discussion générale.

Le liquide séparé par filtration du sulfate de baryte a une réaction franchement acide. Il y a de l'acide acétique et des traces d'acide formique; il faut donc doser l'acide acétique dont la proportion s'est également révélée constante.

A cet effet, une fois la précipitation de la baryte non éliminable par l'acide CO_2 effectuée, au moyen d'une quantité strictement équivalente d'acide SO_3HO, on distille le liquide dans la vide jusqu'à siccité complète en conservant et recueillant toute l'eau qui distille.

Afin d'éviter d'avoir à distiller une trop grande quantité de liquide aqueux, il est bon d'évaporer, dans une capsule à l'air libre, avant la précipitation de la baryte par l'acide SO_3HO, jusqu'au volume de 1 litre environ pour 100 grammes de matière albuminoïde.

Tant que la solution est neutre, l'évaporation à l'air s'effectue sans coloration sensible; mais une fois la baryte précipitée, le vide et une basse température (40 à 50 degrés) sont nécessaires si l'on veut éviter de voir prendre à la solution une teinte de plus en plus foncée.

L'appareil se compose d'un ballon de 1/2 à 2 litres, à parois assez épaisses pour résister à la pression de l'atmosphère quand le vide y est effectué. Ce ballon, fixé dans un bain-marie, est fermé par un long bouchon en caoutchouc percé de deux trous. Dans l'un s'engage le tube courbé à angle aigu d'un réfrigérant de Liebig, placé dans sa position descendante de distillation. Le deuxième trou porte un tube courbe en siphon, dont une branche pénètre jusqu'au centre du ballon, et dont l'autre, la plus longue est partagée en deux morceaux reliés par un tube de caoutchouc muni d'une bonne pince de pression.

L'extrémité inférieure et extérieure de ce siphon plonge dans le liquide à évaporer. Le siphon est destiné à l'alimentation.

Le vide étant fait dans le ballon, il suffit de desserrer légèrement la pince pour laisser rentrer une quantité convenable du liquide à distiller. C'est aussi par ce tube qu'on peut laisser pénétrer l'air à la fin de l'expérience.

L'extrémité du tube réfrigérant opposée à celle qui est engagée dans le ballon, communique par un caoutchouc à vide de 25 à 30 centimètres de long, avec un tube recourbé, adapté par sa deuxième branche à un bouchon en caoutchouc, fixé à un récipient en verre fort, plongé dans l'eau froide. Le récipient communique d'autre part avec une trompe à col d'Alvergniat, faisant le vide à moins de 1 centimètre près.

Le tout étant en place, et le ballon contenant 1/2 litre environ de liquide, on laisse fonctionner la trompe jusqu'à un vide de 750 millimètres, ce qui n'exige que quelques minutes; puis on ferme la communication de l'appareil avec la trompe.

La distillation continue à se faire régulièrement si l'on alimente de temps en temps et si l'on complète le vide, de quart d'heure en quart d'heure, pour compenser les très légères pertes que peuvent offrir les joints.

Certaines liqueurs moussent avec une telle facilité qu'il est presque impossible de les distiller ainsi sans voir la mousse entraînée dans le récipient, à moins de n'introduire dans le ballon, que 0,20 à 0,25 centimètres cubes de liquide, et d'alimenter goutte à goutte d'une manière continue, en desserrant très légèrement la pince à vis du tube en caoutchouc.

Cet inconvénient s'observe toutes les fois que l'action de la baryte n'a pas été poussée assez loin et qu'il reste des colloïdes dans la liqueur. Dans les expériences complètes, lorsque tout est converti en cristalloïdes, il n'y a pas de mousse.

Le liquide aqueux distillé est recueilli pour le dosage alcalimétrique de l'acide acétique; il ne renferme que de l'eau et de l'acide acétique mélangé de traces d'acide formique.

Le résidu ainsi obtenu est jaune *clair*, friable et se détache très facilement des parois du ballon. Il contient tous les principes fixes formés aux dépens de la matière organique et il les renferme dans les proportions dans lesquelles ils ont pris naissance. Nous donnerons à ce résidu le nom de *résidu fixe*.

Si l'on a eu soin de peser le ballon vide, en en prenant le poids avec le résidu fixe, on aura, par différence, le poids de ce résidu.

Nous avons reconnu que malgré des lavages prolongés à l'eau bouillante, le précipité de carbonate de baryte formé par l'acide CO_2 pouvait retenir quelques grammes de matière organique. Il est nécessaire de le délayer dans l'eau bouillante, de le décomposer par une quantité strictement convenable d'acide SO_3HO, de filtrer et de laver le sulfate de baryte, enfin d'évaporer à sec, dans le vide, le liquide filtré et les eaux de lavage, afin de pouvoir ajouter le poids du résidu fixe obtenu avant. En négligeant cela, on peut commettre une erreur de 5 à 8 p. 100 dans cette détermination.

Le résidu fixe, détaché des parois du ballon, est broyé, afin d'avoir un mélange homogène, puis soumis à l'analyse élémentaire et à l'analyse immédiate. Le broyage est nécessaire, car pendant la concentration, certains principes peu solubles, tels que la leucine et la tyrosine, se séparent en cristallisant, et peuvent se trouver inégalement répartis dans la masse des eaux mères desséchées.

En résumé la matière protéique soumise à l'expérience se trouve ainsi décomposée :

1° Solution chlorhydrique d'ammoniaque contenant des traces de produits volatils;

2° Sels barytiques insolubles dans l'eau, fournis pendant la réaction de la baryte aqueuse sur la matière albuminoïde;

3° Acide acétique;

4° Résidu fixe ou mélange de tous les principes solides fixes au-dessus de 100 degrés, formés aux dépens de la substance albuminoïde.

DÉTERMINATION DE LA DOSE D'ACIDE ACÉTIQUE MIS EN LIBERTÉ APRÈS PRÉCIPITATION DE LA BARYTE EMPLOYÉ PAR L'ACIDE CARBONIQUE ET L'ACIDE SULFURIQUE.

L'acide acétique a été titré alcalimétriquement au moyen d'une solution de soude normale à un équivalent par litre, dans le liquide obtenu par la distillation dans le vide; il est accompagné d'une faible dose d'acide formique.

POIDS DU RÉSIDU FIXE

La détermination du poids du résidu fixe offre une grande importance, il doit servir de base à l'équation de la réaction. Il a été mesuré avec soin dans l'expérience faite avec de l'albumine coagulé; soigneusement dégraissée à l'éther et séchée à 140 degrés, puis chauffé à 150 avec trois parties de baryte. Plusieurs essais avaient donné des nombres variant entre 86 et 90 p. 100. Ces nombres se trouvant en désaccord avec d'autres données et conduisant à une perte de substance de 6 à 8 p. 100, nous avons recherché si le carbonate de baryte formé en précipitant la liqueur par CO^2 ne renfermait pas de matière organique. Ce précipité bien lavé à l'eau bouillante, séché, développe en effet par la calcination une odeur de matière azotée brûlée et prend une teinte grise. Le précipité encore humide a été décomposé par un léger excès d'acide SO^3,HO étendu et bouillant.

Le liquide filtré et les eaux de lavage ont été débarrassés de l'acide excédant par une addition d'eau de baryte, puis filtrés et distillés dans le vide. Il est resté un résidu acide dont le poids complétait ce qui manquait dans les premières expériences. Le carbonate de baryte formé par précipitation à froid au moyen d'un courant de CO^2 du liquide initial, embrasse donc une proportion de la matière organique que l'on ne peut enlever même par des lavages à l'eau chaude.

Dans cette expérience, la première évaporation du liquide séparé du carbonate de baryte a fourni un résidu pesant 89,3 pour 100 d'albumine. L'évaporation du liquide obtenu en décomposant le carbonate de baryte par l'acide SO^2, HO a laissé un résidu pesant 653.

Poids total du résidu fixe : 95, 83.

Dans l'expérience n° 11, l'évaporation du liquide séparé du carbonate de baryte après précipitation par l'acide sulfurique, de la baryte non précipitée par l'acide CO^2 a fourni un résidu pesant 90,85; celle du liquide provenant du lavage du sulfate de baryte a laissé un résidu pesant 5,65. Poids total : 96,5.

On peut admettre, d'après cela, que 100 grammes d'albumine fournissent de 96 à 97 grammes de résidu fixe, après avoir perdu $4^{gr},9$ d'ammoniaque; — $3^{gr},5$ à $4^{gr},5$ d'acide acétique; — $2^{gr},3$ d'acide CO^2; — et $3^{gr},3$ ou 6, 6 d'acide oxalique c'est-à-dire un minimum de matière égal à 14 grammes ou un maximum égal à $18^{gr},2$.

Cette différence montre que dans l'action la plus modérée de la baryte sur l'albumine il y a fixation d'eau compensant en partie les produits volatils ou précipitables par la baryte, et qui ne comptent pas dans le résidu fixe. La réaction est donc un dédoublement par hydratation.

ANALYSE ÉLÉMENTAIRE DU RÉSIDU FIXE

Le résidu fixe qui reste après évaporation à sec dans le vide du liquide débarrassé de baryte par CO_2 et SO_3HO, est sous forme d'une masse friable jaune clair, et uniquement organique. S'il a été préparé avec soin, il laisse tout au plus quelques dixièmes p. 100 de cendres siliceuses. On peut, du reste, doser ces cendres et en tenir compte. Bien que ce résidu soit un mélange assez complexe de divers principes, nous avons cru utile de le soumettre à l'analyse élémentaire, et de traduire cette analyse par une formule figurative, afin de pouvoir écrire une équation dont le premier membre renferme l'albumine coagulée et l'eau fixée, tandis que le deuxième contient l'ammoniaque, l'acide carbonique, l'acide oxalique, l'acide acétique et le résidu fixe envisagé provisoirement comme un principe unique. Cette manière de faire permet de tirer d'importantes conséquences.

Les analyses élémentaires ont été faites avec des produits séchés à 100 ou 140 degrés. A 140, la matière séchée à 100 degrés perd une quantité sensible d'eau, qui influe sur les résultats de l'analyse. Cette perte pouvant être due à une déshydratation de certains principes contenus dans le résidu fixe, j'ai cru devoir établir deux systèmes d'équations dont l'un se rapporte au produit séché à 100 seulement et l'autre au produit séché à 140. Les conditions de l'expérience influent aussi sur la composition du résidu fixe et doivent être mentionnées afin de donner aux résultats le plus de certitude possible, les analyses ont porté sur un poids de matière assez élevée $0^{gr},08$ à

1 gramme. Les dosages d'azote ont été faits, pour la plupart, par la méthode des volumes de Dumas ; enfin on corrige les résultats en tenant compte des cendres.

Les analyses qui ont porté sur des produits provenant d'opérations distinctes seront marquées de lettres différentes ; les analyses diverses d'un même produit seront marquées d'une même lettre affectée d'indices numériques.

A. — ANALYSES DE RÉSIDUS FIXES OBTENUS DANS DES CONDITIONS MOYENNES :

Albumine.... 100 gr.; Baryte cristallisée... 200 à 300 gr.
Eau........ 200 gr.; Température........ 140 à 180 gr.

Durée du chauffage 48 à 100 heures. Dans ces conditions on a trouvé :

	Azote sous forme d'ammoniaque...............	4,0
	Carbonate de baryte........................	10,5
	Oxalate....................................	8,5
	Acide acétique.............................	3,6
(a^1)	Matière séchée à 100 gr.....................	1,153
	Acide carbonique...........................	2,030
	Eau.......................................	0,795
(a^2)	Matière séchée à 100........................	0,435
	Acide carbonique...........................	0,3125
	Eau.......................................	0,3125
(a^3)	Matière séchée à 100........................	0,9635
	Vol. d'az. mesuré..........................	110^{cc}.
	H...	756^{mm},5
	T...	11°
	Vol. corrigée.............................	94^{cc},4
(a^4)	Cendres pour 100 de matière................	0,91

EXAMEN DE L'HUILE ESSENTIELLE VOLATILE

La proportion de l'huile qui accompagne la décomposition de l'albumine par la baryte n'a pu être déterminée exactement, dans tous les cas elle est fort minime. Elle n'apparaît que sous forme de quelques gouttes nageant à la surface de l'eau ammoniacale contenue dans le premier flacon condensateur. Elle se dissout dans l'acide HCl quand on mélange les liquides des deux récipients. La quantité n'en dépasse pas 1 à 2 p. 100.

Ce liquide contient du pyrrol ou au moins un corps très voisin. Il donne avec le perchlorure de fer une coloration vert foncée, puis un dépôt noir.

Avec l'acide HCl étendu et le bichromate de potasse il fournit un précipité noir.

L'acide HCl étendu le dissout et la solution abandonnée à elle-même dépose, au bout de quelque temps, des flocons rouge brun. L'analyse élémentaire de ce dépôt a fourni des nombres assez rapprochés de ceux du rouge pyrrolique. La solution chlorhydrique de l'huile essentielle réduit le bichlorure de potasse.

Analyse des flocons rouge-brun formés spontanément dans la solution chlorhydrique.

(a^1)	Matière....................................	0,271
	Acide carbonique............................	0,713
	Eau	0,1835
(a^2)	Matière....................................	0,327
	Vol. d'az. mesuré...........................	33^{cc}
	H..	758^{mm}
	T..	10°
	Vol. corrigé...............................	31^{cc},3

Une opération faite sur 10 kilogrammes d'albumine a permis de recueiller 50 à 60 grammes de cette huile même après élimination de toute trace d'ammoniaque ou d'alcali volatil; par l'agitation avec un léger excès d'acide SO^2,HO étendu elle conserve une odeur sui generis qui rappelle celle des truffes. Elle représente un mélange de plusieurs corps à points d'ébullition distincts. Vu les petites quantités disponibles, il a été impossible d'en séparer, par distillation fractionnée, les produits constitutifs à l'état de pureté. Son odeur spéciale m'ayant fait penser qu'il pourrait contenir un corps sulfuré, j'ai dosé le soufre aussi bien dans le précipité rouge que dans l'huile essentielle que j'appellerai albuminol.

Nous pouvons considérer l'albuminol comme un mélange de divers produits liquides volatils, parmi lesquels est un corps dont la composition serait très voisin de C^4H^3O, du pyrrol, des homologues supérieurs du pyrrol, ainsi qu'une faible proportion de composé sulfuré. Il a été impossible d'obtenir une trace d'indol dont la présence a été signalé dernièrement par M. Nerscky parmi les produits du dédoublement de l'albumine sous l'influence du suc pancréatique.

La quantité d'albuminol fournie par l'albumine est si faible, que l'on ne peut lui assigner un rôle sérieux dans la constitution de ce corps et dans la réaction. Nous négligerons ce produit dans la discussion de l'équation générale au moyen de laquelle nous résumerons les résultats acquis.

EXAMEN ANALYTIQUE DU RÉSIDU FIXE

Il nous reste à étudier la composition immédiate du résidu fixe. La nature du principe qu'il renferme ne permet pas d'utiliser d'autres méthodes de séparation que celles des cristallisations fractionnées, en se fondant sur les différences de solubilité dans les dissolvants neutres, tels que l'eau, l'alcool à divers degrés de concentration, l'éther, etc.

Bien que quelques-uns de ces produits soient volatils dans des conditions convenables, l'altérabilité des autres sous l'influence de la chaleur rend impossible son emploi dans la séparation régulière et méthodique. Les précipitations par des sels métalliques ne donnent pas non plus de bons résultats. Les acétates neutre ou basique de plomb fournissent des précipités peu abondants, facilement solubles dans un excès de réactif. Avec le nitrate mercurique on obtient des dépôts plus volumineux, mais les corps isolés de ces précipités par l'hydrogène sulfuré sont rarement exempts d'acide azotique et cristallisent difficilement.

De plus la liqueur filtrée devient impropre à toute recherche ultérieure, l'acide azotique ne pouvant plus en être éliminé. Bref, après avoir perdu beaucoup de temps en essais infructueux, nous y avons renoncé et nous nous sommes attaché à la méthode des dissolvants neutres et des cristallisations.

Les divers dépôts cristallins que l'on obtient, peuvent se distinguer dans une certaine mesure par des caractères de solubilité; par la forme et l'apparence des cristaux. Mais les corps constituant le mélange, appartiennent à un petit nombre de groupes, dont chacun renferme des termes homologues. Pour les termes voisins d'un même groupe, les oppositions de propriétés sont souvent très peu marquées. De plus, deux termes d'un même groupe ou de deux groupes voisins, ont des tendances à cristalliser ensemble dans les rapports de leurs poids moléculaires. On obtient ainsi, fréquemment, des produits intermédiaires, ce qui augmente les difficultés du diagnostic.

La mesure des points de fusion, si féconde dans l'examen de certains mélanges de principes organiques immédiats, est ici de nul secours. La plupart des corps trouvés fondent en se décomposant ou se volatilisent sans fondre.

De ces considérations, il résulte que nous avons dû prendre comme base principale *l'analyse élémentaire* des termes isolés. Les conclusions auxquelles nous sommes arrivé reposent sur plus de 500 analyses élémentaires, portant tantôt sur des principes immédiats que nous avions lieu de considérer comme purs, tantôt sur des mélanges.

Nous nous garderons d'encombrer ce mémoire de la publication de tous les nombres ainsi accumulés; nous nous contenterons de grouper avec méthode un certain nombre de ces analyses, en vue de prouver ce que nous avançons.

Nos recherches les plus variées ont porté sur les résidus fixes obtenus avec 3 à 6 parties de baryte à des températures comprises entre 150 et 200 degrés.

Les analyses élémentaires démontrent que ces variations de conditions n'influent pas beaucoup sur la composition de ce résidu. L'hydratation y est terminée ou à peu de choses près et les différences ne portent que sur la dose d'acide oxalique éliminé.

Comme composition moyenne nous pouvons admettre les nombres suivants :

Carbone	48,4	48,35
Hydrogène	8,0	8,0
Azoté	12,5	12,5
Oxygène	31,0	

Les deux termes les plus faciles à isoler du résidu fixe et à caractériser, en vertu de leur faible solubilité, sont la tyrosine et la leucine, signalées depuis longtemps parmi les produits de l'hydratation de l'albumine et de ses congénères.

Pour arriver à les retirer et à les purifier, il est bon de concentrer le liquide aqueux primitif, après la précipitation de l'excès de baryte, par un courant d'acide CO^2, sans éliminer par l'acide SO^2,HO la baryte qui reste en solution. Il arrive un moment où le liquide se couvre, pendant l'évaporation, d'une pellicule cristalline. Abandonné au refroidissement, il donne en très peu de temps une abondante cristallisation A, en grains formés par des cristaux plus petits agglomérés autour d'un centre. Le poids de ce dépôt A, égoutté à la trompe, fortement exprimé à la presse, et séché, s'élève à 25 ou 30 p. 100 d'albumine. Les eaux-mères concentrées davantage, donnent encore une nouvelle cristallisation moins importante, que l'on peut joindre à la première; puis elles finissent par laisser un volumineux sirop incristallisable à moins d'un traitement ultérieur B.

Cristaux **A.** Il est facile d'y reconnaître la tyrosine, il suffit de traiter le dépôt par un mélange froid ou tiède de quatre parties d'eau et une d'alcool. La tyrosine reste insoluble et peut être obtenue pure par dissolution à chaud dans l'ammoniaque caustique et concentration de la liqueur; elle se sépare alors sous formes d'aiguilles isolées ou groupées en houppes. Si la cristallisation se fait lentement, on l'obtient en longues aiguilles prismatiques isolées. Tous les autres corps cristallisent soit en lames plates, soit en boules, soit en grains arrondis formés par le groupement autour dun centre d'aiguilles, courtes plus ou moins aplaties. La réaction si caractéristique de la tyrosine avec le nitrate mercureux permet de constater dans un liquide la présence de la tyrosine. 1 milligramme dissous dans 1 centigramme d'eau fournit encore une coloration rose très prononcée quand on chauffe légèrement avec quelques gouttes de nitrate mercureux acide.

Avec des doses plus fortes de tyrosine, on a une coloration rouge-brun foncé, suivie d'un dépôt rouge-brun.

Lorsqu'une liqueur donne par cette réaction un résultat positif, il suffit de le concentrer à un degré convenable et d'y semer, après refroidissement, quelques parcelles de cristaux de tyrosine pour déterminer au bout de quelques heures la formation d'un dépôt floconneux formé d'un feutrage de fines aiguilles de tyrosine.

J'ai cherché souvent à déterminer le poids de tyrosine fourni par 100 grammes d'albumine. Les nombres obtenus oscillent entre 2,5 et 3,5 pour 100. Le dosage s'effectue ainsi :

Le résidu fixe, privé de baryte, est séché dans le vide, puis traité par un mélange froid de quatre parties d'eau et de une partie d'alcool. La portion non dissoute est reprise par l'eau ammoniacale bouillante, on filtre et on concentre pour chasser l'ammoniaque. La tyrosine déposée après refroidissement est exprimée dans un linge de batiste, séchée et pesée; on ajoute au poids celui des petites quantités de tyrosine qui se séparent pendant les cristallisations fractionnées, des produits contenus dans la solution aqueuse alcoolique.

La leucine s'obtient pure par des cristallisations répétées dans l'eau, du premier dépôt cristallin A, fourni par la liqueur primitive. Il convient de décolorer par le noir animal, après séparation de la majeure partie de la tyrosine par le procédé indiqué plus haut. Lorsque la leucine a été ainsi amenée à un certain degré de pureté, sa solution aqueuse cristallise déjà à chaud pendant la concentration.

On voit se former à la surface et contre les parois de la capsule, des croûtes blanches composées de lames brillantes et nacrées. Par le refroidissement, le liquide se prend en masse de lames semblables; les eaux moins concentrées en fournissent encore un peu.

La leucine ainsi purifiée est parfaitement blanche, en larges feuillets minces, nacrés; elle est peu soluble à froid dans l'eau, presque insoluble dans l'alcool froid, plus soluble dans l'alcool bouillant qui l'abandonne par le refroidissement en lames nacrées; sa saveur est légèrement sucrée. Chauffée dans un tube au bain d'huile ou sur un bec Bunsen, elle se sublime sans fondre et sans laisser de résidu, à partir de 200 degrés. — Projetées sur une lame de platine préalablement chauffée, elle émet d'abondantes fumées blanches qui se réunissent en flocons lanugineux. Sa solution aqueuse ne précipite pas par le nitrate mercurique acide; évaporée lentement sur le porte-objets d'un microscope elle donne des houppes composées de larges lames aplaties partant d'un centre, et jamais de boules arrondies. Cette forme de feuillets, obtenus par l'évaporation de la solution aqueuse est caractéristique de la leucine pure. Celle qui donne des boules est toujours impure et fournit à l'analyse un déficit d'hydrogène.

L'apparition très fréquente dans nos analyses, des corps du type $C^n H^{2n} Az^2 O^4$ ne permet pas d'attribuer ce résultat au hasard seul. Ces corps existent par eux-mêmes ou tout au moins résultent de l'union à équivalents égaux des acides amidés $C^n H^{2n} + {}^1 AzO^2$ que nous appellerons leucines, avec des corps du type $C^n H^{2n} - {}^1 AzO^2$ que nous dénommerons leucéines.

Pour décider cette question, nous avons cherché à isoler par cristallisations fractionnées des termes en $C^n H^n - {}^1 AzO^2$ en faisant porter nos efforts sur une plus grande quantité de matières.

10 kilogrammes d'albumine ayant été décomposés par la

baryte dans un grand autoclave, et le liquide ayant été successivement privé d'ammoniaque et de l'excès de baryte par un courant d'acide CO_2 et par l'acide SO_3,HO, puis concentré à cristallisation, on a pu isoler 2 kilogrammes environ de dépôts cristallisés correspondant au dépôt A.

De cette masse assez notable de substance je n'ai retiré, par des cristallisations fractionnées et poussées jusqu'aux dernières limites, que :

1° Les substances déjà citées : tyrosine, leucine, butalanine, acide amidobutyrique, composés cristallins du type $^m H^{2m} Az \cdot O^4$ ($m = 12$ et 10).

2° Deux nouveaux produits définis et cristallisables, dont l'un, la tyroleucine, répond à la formule $C^7H^{11}Az^2O^2$ et dont l'autre rentre dans le type $C^n H^{2n-1}AzO^2$; sa composition est représentée par la formule $C^6H^{11}AzO^2$; c'est une leucéine ($n = 6$) caproïque.

La tyroleucine se dépose en boules plus ou moins volumineuses, à surface cannelée, les cannelures rayonnant d'un centre, formées d'aiguilles courtes et prismatiques, elle est blanche, terne et sans éclat, d'aspect crayeux. Sur le porte-objets du microscope sa solution aqueuse cristallise en boules ou en mamelons. Sa saveur est nulle ou à peu près. L'eau en dissout, vers 15°, environ 5 p. 100 de son poids ; elle est peu soluble dans l'alcool.

A 240 degrés, la tyroleucine fond en se décomposant et en donnant un sublimé blanc, et en même temps qu'un résidu jaune clair et vitreux, fondu. Avec les réactifs de Millon et de Piria, elle ne donne pas les colorations de la tyrosine quand celle-ci a été bien écartée. Chauffée sur une lame de platine avec quelques gouttes d'acide nitrique, elle donne une coloration jaune devenant brune après addition de potasse. Projetée en petites quantités et en poudre sur une lame de platine suffisamment chaude, elle se volatilise sans résidu, sous forme de fumées blanches.

Sous l'influence d'une température de 250 à 280°, dans une atmosphère de gaz inerte, elle se décompose en donnant un sublimé blanc, de l'eau, de l'acide carbonique et une base huileuse, volatile, à odeur de raifort. Il reste dans la cornue une masse amorphe, transparente et de cassure résineuse.

Les eaux mères de purification des cristaux C, après avoir fourni une série de cristallisation très voisine de $C^6H^{11}AzO^2$ ou de mélanges de $C^6H^{11}AzO^2$ avec de la tyroleucine ont fini par abandonner leur dernier dépôt dont l'analyse a donné :

Matière	0,3525
Acide carbonique	0,667
Eau	0,288

En centièmes, on a :

Carbonique	51,57
Hydrogène	9,07

nombres se rapprochant beaucoup de ceux de la butalanine. La leucéine caproïque cristallise en grains formés d'aiguilles groupées autour d'un centre; elle est plus soluble dans l'eau que la leucine, soluble dans l'alcool bouillant, de saveur faiblement sucrée. — Projetée en poudre sur une lame de platine chaude, elle se volatilise sans résidu ; mais si on la chauffe dans un tube en fragments plus gros, elle fond et laisse un résidu de charbon.

Nous avons déjà signalé la présence de la butalanine, accompagnée de tyrosine, de tyroleucine, de leucine et de leucéine caproïque, ainsi que des corps intermédiaires $C^mH^{2m}Az^2O^4$ ($m = 12, 11$ et 10), dans les premières cristallisations aqueuses A du liquide primitif; mais c'est surtout dans les eaux-mères, qu'il convient de la chercher; elle y est associée à de fortes proportions de leucine butyrique $C^4H^9AzO^2$, de traces d'alanine, ainsi que de termes homologues inférieures des séries $C^mH^{2m}Az^2O^4$, $C^n H^{2n-1}AzO^2$ ($m - 1$ 0 à 7; $n = 5$ et 4). Tous ces corps sont, en effet, beaucoup plus solubles dans l'eau que les précédents.

L'eau-mère B, des dépôts A, est complètement privée de baryte par l'acide sulfurique, puis évaporée à sec et le résidu est épuisé par l'alcool fort bouillant, qui le dissout presqu'en entier et laisse déposer des cristaux par refroidissement.

La butalanine $C^5H^{11}AzO^2$ et l'acide amidobutyrique $C^4H^9Az^2O$ ont une certaine tendance à cristalliser ensemble dans les rapports des équivalents, surtout lorsqu'ils se séparent d'une solution alcoolique. Un grand nombre d'analyses faites sur les dépôts cristallins formés au sein de l'alcool ayant servi à épuiser l'eau-mère desséchée des cristaux A, ont fourni des nombres se rapportant à des combinaisons doubles semblables.

La séparation peut néanmoins s'effectuer en employant l'eau comme dissolvant. La solution de ces cristaux mixtes :

$$C^9H^{20}Az^2O^4 = C^5H^{11}AzO^2 + C^4H^9AzO^2$$

est décolorée par le noir animal et concentrée à température peu élevée dans le vide. La butalanine se sépare pendant l'ébullition sous forme de feuillets blancs qui rappellent la leucéine caproïque; cette dernière se dépose également, s'il en reste. Enfin les eaux-mères fortement concentrées fournissent des cristaux d'acide amidobutyrique.

Le composé mixte cristallise dans l'alcool sous forme de houppes.

Dans un certain nombre de ces analyses, l'hydrogène est un peu faible, comme pour la leucine caproïque. Ceci tient à la difficulté que l'on éprouve à éliminer complètement les termes des séries moins hydrogénées. $C^m H^{2m} Az^2 O^4$ et $C^n H^{2n-1} Az O^2$.

La butalanine ressemble beaucoup à la leucine; elle est presqu'aussi volatile, plus soluble dans l'eau. Elle cristallise sur le porte-objets en mamelons formés d'aiguilles courtes rayonnant d'un centre et non en lames plates. Sa saveur est un peu sucrée. La solution aqueuse de butalanine ne précipite pas par le nitrate mercurique ni par l'acétate ni le sous-acétate de plomb.

L'acide amidobutyrique, ou leucine butyrique, a été isolé d'une manière constante et en proportions notables du résidu fixe, dont il forme une fraction importante.

L'acide amidobutyrique cristallise par le refroidissement de sa solution alcoolique, en petits feuillets minces, nacrés assez semblables à la leucine; il est presque insoluble à froid dans ce liquide, plus soluble à chaud, assez soluble dans l'eau, d'où il ne cristallise qu'en solutions assez concentrées, sous forme de mamelons composés d'aiguilles groupées autour d'un centre. Sa saveur est plus sucrée que celle de la leucine et de la butalanine. Projeté en poudre sur une lame de platine suffisamment chaude, il se volatilise sans laisser de résidu; mais en masses plus considérables, il fond en se décomposant, se sublime partiellement et laisse un résidu charbonneux abondant.

Parmi les composés amides homologues de la leucine, j'ai rencontré encore, mais en petites quantités, l'alanine $C^3H^2Az0^2$ ou leucine propionique; elle a été caractérisée par l'apparence de ses cristaux et par sa composition centésimale.

Il résulte de toutes ees analyses, faites sur des produits distincts, cristallisés, extraits d'une manière constante par l'emploi des dissolvants neutres du résidu fixé, que l'existence propre de termes de la forme $C^mH^{2m}Az^2O^4$. Avec des valeurs de m variant de 12 à 7, ne peut pas être révoquée en doute. Remarquons, en outre, que le résidu fixe, lui-même, donne des nombres qui conduisent à ce type de formule, avec m presqu'égal à 9, c'est-à-dire avec la valeur que l'on rencontre le plus souvent et le plus abondamment dans les principes immédiats extraits de ce résidu fixe. Nous donnerons à ces produits intermédiaires le nom générique de *glucoprotéines*, nom qui rappelle leur saveur sucrée. Les glucoprotéines cristallisent moins facilement que les leucines, surtout les termes inférieurs. Elles sont très solubles dans l'eau, de saveur sucrée, presqu'insolubles dans l'alcool absolu froid, l'acool absolu bouillant les dissout en petites quantités, qui se déposent sous forme de grains cristallins ou de grumeaux caséeux après refroidissement. L'alcool à 90 pour 100 les dissout assez bien, surtout à chaud.

Si ce n'étaient les leucines et les leucéines $C^n H^{2n+1}Az0^2$ et $C^n H^{2n-1}Az0^2$ dont la présence parmi les produits du dédoublement de l'albumine est établie sans conteste, on pourrait envisager le résidu fixe comme principalement formé d'un mélange de glucoprotéines homologues avec des valeurs de m variant de 12 à 7. Il me reste à signaler et à établir, parmi les produits du dédoublement de l'albumine, l'existence d'un dernier composé assez important par sa masse, et qui rentre dans le type des leucines $C^n H^u - {}^1AzO^2$.

Lorsque dans les opérations faites avec 3 parties de baryte pour 1 d'albumine, à 150-180° pendant huit jours, on a enlevé la baryte par l'acide CO^2 et l'acide SO^3,HO concentré, le liquide filtré à cristallisation, séparé les cristaux qui se forment en abondance, enfin, évaporé à sec dans le vide les eaux-mères, si l'on traite le résidu par l'alcool bouillant à 95 pour 100, il se sépare après refroidissement, du premier épuisement, une cristallation notable d'ou l'on peut extraire de la butalinine, de l'acide amidobutyrique ou un mélange des deux, ainsi que des termes mixtes de la formule $C^n H^{n2}Az^2O^4$ ($m = 11, 10, 9$). L'alcool mère concentré et ne déposant plus rien fournit, avec l'éther, un précipité visqueux, jaune clair, assez abondant, très soluble dans l'eau et l'alcool même absolu, insoluble dans l'alcool éthéré. Il se dessèche à 120°, sous forme d'une masse vitreuse, transparente, amorphe. L'analyse de ce produit, séché à 120°, a donné des nombres compris entre ces deux formules $C^5 H^9AzO^3$ et $C^4H^7AzO^2$ et se rapprochant quelquefois sensiblement de $C^9 H^{16} Az^2 O^4$.

Le corps vitreux amorphe paraît, d'après cela, être constitué en grande partie par de la leucéine butyrique $C^4H^7AzO^2$ ou $2(C^4H^7AzO^2)$, à laquelle se joindrait un homologue supérieur $C^9H^{16}Az^2O^4$. Il résulte de l'ensemble de mes observations et de mes recherches que plus l'action de la baryte est prolongée et énergique, plus la proportion des leucines ($C^n H^{2n+4}AzO^2$) et des leucéines ($C^n H^{2n} - {}^4AzO^2$) isolables à l'état de liberté augmente, tandis que dans les expériences où les conditions de température et de durée n'ont pas été trop exagérées, les corps intermédiaires ou les glucoprotéines $C\ H_{2n}Az^2O^4$ dominent dans le résidu fixe.

Ainsi dans les expériences faites à 100 ou 115°, on ne trouve guère que des glucoprotéines à côté d'un peu de leucine caproïque $C^6H^{13}AzO^2$ et de tyrosine.

Dans une expérience faite avec 3 parties d'hydrate de baryte à 110-120° pendant 48 heures, on a obtenu un liquide qui, précipité par l'acide carbonique et l'acide sulfurique, moussait fortement pendant la concentration dans le vide ; il n'a fourni que très peu de cristaux, après évaporation convenable ; l'eau-mère, séchée, a été épuisée par l'alcool absolu bouillant, à plusieurs reprises. Ces solutions filtrées et concentrées, ont donné à chaque fois, par refroidissement, des grumeaux cristallins, blancs, sucrés. On a mis à part les 5 dépôts successifs ainsi obtenus. Ils offraient, du reste des apparences et des caractères très voisins. Le 1er, le 2e et le 5e dépôt, ont donné des résultats analytiques identiques. On peut donc admettre qu'ils sont tous formés d'une seule et même substance ; ils représentaient en outre la masse principale du résidu fixe.

Dans une expérience qui avait porté sur un kilogramme d'albumine chauffé pendant 96 heures avec 3 fois son poids de baryte à 180°, j'ai pu extraire du mélange amide quelques grammes d'un acide cristallisable, offrant une composition voisine de celle de l'acide glutamique $C^5H^9AzO^4$, ainsi que dans l'acide aussi cristallisable, dont la composition serait celle de l'acide glutamique moins une molécule d'eau $C^5H^7AzO^3$, acide glutimique.

Voici dans quelles circonstances j'ai pu noter ces deux corps :

La solution barytique provenant de l'autoclave a été filtrée et bouillie pour chasser l'ammoniaque, puis précipitée par un courant d'acide CO_2. Elle retenait alors une certaine quantité de baryte non précipitable par l'acide CO_2 et dont le poids correspond généralement, dans ces sortes d'opérations, à 22 grammes de sulfate de baryte pour 100 d'albumine.

La liqueur a été évaporée à sec dans le vide, sans élimination préalable de cette baryte, et le résidu épuisé par l'alcool à 90 pour 100, bouillant. Il reste dans ce cas une masse emplastique formée d'un sel barytique soluble dans l'eau, insoluble dans l'alcool. Cette masse, dissoute dans l'eau, a été précipitée par le nitrate mercurique, d'abord sans neutralisation de la liqueur, puis en neutralisant le liquide filtré, par le carbonate de soude, comme on le fait dans le dosage de l'urée par le procédé Liebig.

Les deux précipités, bien lavés à l'eau bouillante, ont été délayés dans l'eau chaude et décomposés par l'hydrogène sulfuré.

Les solutions décolorées par du noir animal purifié, et concentrées, ont déposé des cristaux que l'on a purifiés par de nouvelles cristallisations dans l'eau et l'alcool.

Le précipité obtenu sans addition de carbonate de soude, a donné 4 grammes environ d'un corps acide cristallisé en beaux et volumineux prismes brillants de 1 à 2 millimètres d'épaisseur sur 5 à 6 millimètres de long, d'un éclat presqu'adamantin, fusibles vers 180°, d'une saveur acide, peu solubles dans l'eau froide, insolubles dans l'alcool froid.

RÉSUMÉ

Il découle de l'ensemble des recherches consignées dans ce mémoire :

1° Que le mélange des principes fixes dérivés de l'albumine par hydratation ne contient que des corps amidés.

2° Qu'on peut le partager en deux portions égales :

(*a*) L'une, dont le poids est de 16 à 18 pour 100 environ, renferme des substances pour lesquelles le rapport atomique de l'azote à l'oxygène est de 1 : 3, ou de 1 : 4, ou 2 : 5; la fraction la plus importante de cette première portion est constituée par des acides amidés de formules :

$$C^nH^{2n-4}AzO^4, \quad C^nH^{2n-3}AzO^3, \quad C^nH^{2n-4}Az^2O^6$$

et

$$C^nH^{2n-1}AzO^3$$

Le terme intermédiaire peut n'être qu'une combinaison moléculaire des termes $C^nH^{2n-3}AzO^3$ et de $C\ H^{2n-4}AzO^3$.

La dose de baryte non précipitable par l'acide carbonique fixe en équivalents de base, la quantité de ces divers acides ou leur capacité de saturation. On a trouvé, d'une manière constante, 22 grammes de sulfate de baryte p. 100 d'albumine, soit 10 équivalents de baryte, dont 4 correspondent à l'acide acétique et 6 aux acides amidés fixes, pour une molécule d'albumine; en prenant comme terme moyen de ces acides $C^9H^{14}Az^2O^6$, la quantité de baryte saturée indique la présence de 3 molécules de ce corps ou de 13,5 p. 100.

(*b*) L'autre partie qui forme plus des $\frac{4}{5}$ du résidu fixe, peut être représentée par la formule $x\,(C^nH^{2n}Az^2O^4)$, avec une valeur de n un peu inférieure à 9.

Suivant que l'action de la baryte a été plus ou moins prolongée ou énergique, cette proportion est ou un mélange de glucoprotéines $x\,(C^nH^{2n}Az^2O^4)$ seulement, ou un mélange de glucoprotéines x, $C^nH^{2n}Az^2O^4)$, de leucines $(C^nH^{1+n}AzO^2)$ et de leucéines $(C^nH^{2n-1}AzO^2)$ ou enfin un mélange de leucines et de leucéine seulement.

Si nous nous en tenons aux grandes lignes du phénomène, nous voyons qu'en retranchant de la molécule d'albumine $C^{240}H^{387}Az^{68}O^{75}S^3$ le polynome :

$$(16AzH^3 + 3CO^2 + 5C^9H^4O^2 + 5C^2H^2O^4 + S^3 - (16H^2O - 3H^2O)$$

qui correspond aux expériences faites dans les conditions les plus énergiques. Ainsi que 1 molécule de tyrosine $C^9H^{14}AzO^3$, le reste $C^{208}H^{324}Az^{48}O^{49}$ est sensiblement de la forme 24 $(C^nH^{2n}Az^2O^2)$. Ce groupement, en fixant 48 molécules d'eau se convertit en 24 $(C^nH^{2n}Az^2O^4)$. Si à ces 48 molécules nous ajoutons les 13 molécules qui ont dû se fixer pour former l'ammoniaque libre et les trois acides non azotés nous retrouvons les 62 molécules qui figurent dans l'équation générale.

Dans les expériences à température plus élevée, 100 à 120 nous avons surtout rencontré des corps appartenant aux types, $x\,(C^9H^{18}Az^2O^4)$ et $y\,(C^7H^{14}Az^2O^4$.

La formule

$$C^{208}H^{320}Az^{48}O^{48}$$

peut se décomposer les :

$$4\,(C^7H^{14}Az^2O^4) + 20\,(C^9H^{18}Az^2O^4)$$

ou en :

$$C^{28}H^{50}Az^8O^{16} + 5 (C^{36}H^{72}Az^8O^{16})$$

ou en :

$$2 (C^{14}H^{28}Az^4O^8) + 10 (C^{18}H^{36}Az^4O^8)$$

Les termes entre parenthèses représenteraient les termes primordiaux de l'hydratation de l'albumine ; ce sont les glucoprotéines, dont le véritable poids moléculaire n'est pas encore fixé et dont la décomposition ultérieure donne naissance aux leucines et aux leucéines et probablement aussi à des gluco-protéines moins complexes. On conçoit, en effet, qu'un corps dont la forme serait :

$$C^{18}H^{36}Az^4O^8$$

puisse se scinder en deux termes ayant pour formules, soit :

$$C^9H^{18}Az^2O^4 \text{ chacun}$$

soit :

$$C^8H^{16}Az^2O^4 \text{ et } C^{10}H^{20}Az^2O^4$$

Arrivée à cette limite, la décomposition entraînerait la formation de leucines et de leucéines.

Je suis convaincu que les choses se passent bien ainsi et que, une fois la limite d'hydratation atteinte, les produits formés et appartenant au type $2 (C^mH^{2m}Az^2O^4)$ subissent une série de dédoublements qui ont pour résultat d'abord de faire passer des molécules compliquées à d'autres de plus en plus simples, mais du même type apparent, pour finir par la rupture des corps $C^nH^{2n}Az^2O^4$ en leucines $C^nH^{2n+1}AzO^2$ et en leucéines $C^nH^{2n-1}AzO^2$. Cette interprétation ne reçoit aucune atteinte de la présence des acides plus oxygénés rencontrés dans le résidu

fixe. D'abord ces acides n'y entrent que pour une faible part, et
d'un autre côté ils peuvent être considérés comme dérivant des
leucines, des leucéines ou des glucoprotéines par la substitution de O à H^2.

$$C^nH^{2n} + {}^4AzO^2 - H^2 + O = C^nH^{2n} - AzO^3$$
$$C^nH^{2n} - {}^4AzO^2 - H^2 + O = C^nH^{2n} - {}^3AzO^3$$
$$C^{2n}H^{4n} - Az^2O^4 - H^4 + O^2 = C^{2n}H^{4n} - {}^4Az^2O^6.$$

Ce que nous avons dit de la génération succcessive des
glucoprotéines, des leucines et des leucéines s'applique donc
aussi à ces acides,

On peut donc poser :

1 molécule d'albumine = [polynome] $+C^9H^{14}AzO^3+$ imide
de forme x $(C^nH^{n-4}Az^2O^2)+$ imide de forme y $(C^mH^{2m-8}Az^2O^4)$
Chacun de ces imides, fixait autant de molécules d'eau
qu'il contient d'atomes d'azote, donne des termes amidés de
la forme

$$x (C^nH^{2n}Az^2O^4) \text{ et } y (C^mH^{2m} - {}^4Az^2O^6)$$

Si nous voulons pousser un peu plus loin l'analyse quantitative du résidu fixe, nous tiendrons principalement compte des
données suivantes :

1° Le résidu fixe contient 3,2 — 3,5 de tyrosine soit 1 molécule pour 5473 d'albumine.

2° La baryte non précipitable par l'acide carbonique, déduction faite de celle qui sature l'acide acétique, correspond
à 6 équivalents pour 1 molécule d'albumine.

3° La formule bibasique $C^9H^{16}Az^2O^6$ représente la moyenne
des acides amidés forts. Le résidu fixe renferme donc
$3 (C^9H^{14}Az^2O^6)$;

4° Le poids de la leucine et de la leucéine réunies est d'environ 15 à 16 p. 100 ; 3 ($C^{12}H^{24}Az^2O^4$) pour 1 molécule d'albumine correspondant à 14 p. 100.

5° La glucoprotéine $C^7H^{24}Az^2O^4$ n'entre guère pour plus de 6 a 7 p. 100 dans le poids du résidu.

$$2\ (C^7H^{14}Az^2O^4)$$

pour 1 molécule d'albumine correspondant à 7 p. 100.

CHAPITRE VII

SUR LES PTOMAÏNES OU ALCALOÏDES CADAVÉRIQUES,
PAR LE PROF. F. SELMI DE BOLOGNE
(*Moniteur scientifique*).

Dans le cours d'expériences toxicologiques, le professeur
F. Selmi trouva dans les extraits provenant de cadavres de
personnes mortes naturellement, plusieurs substances possédant les caractères généraux des alcaloïdes. Il supposa que
ces corps, qu'il nomma ptomaïnes, provenaient de la décomposition spontanée de la matière cadavérique (supposition que
ses expériences ultérieures confirmèrent pleinement).

L'importance de cette découverte, au point de vue toxicolo-
gique, engagea le savant professeur à étudier les propriétés
et le mode de formation de ces alcaloïdes cadavériques, ainsi
que les réactions qui peuvent les distinguer des alcaloïdes
végétaux.

Les conséquences graves (souvent mortelles) que peut avoir
une erreur dans une expertise médico-légale, donnent beaucoup d'intérêt au travail de cet éminent chimiste.

EXTRACTION DES PTOMAÏNES

Le procédé employé pour l'extraction des ptomaïnes est celui que MM. Stas et Otto indiquent pour la recherche des alcaloïdes végétaux dans la matière cadavérique.

L'auteur apporta successivement quelques modifications à ce procédé, soit pour accélérer l'évaporation des extraits alcooliques et aqueux, soit pour empêcher le contact de l'oxygène de l'air durant l'évaporation.

L'appareil modifié, destiné à évaporer dans le vide, se compose d'un flacon de Woolff dans lequel se fait la distillation; une des tubulures porte un long tube, se recourbant à angle droit, et plongeant dans du mercure, de manière à servir de manomètre; dans l'autre tubulure passe un tube à dégagement qui se rend dans un ballon refroidi où se condensent les produits de la distillation : ce ballon communique avec une pompe aspirante, permettant de faire le vide dans l'appareil.

Avec cette disposition, la distillation se fait rapidement à une température variant de 30 à 40 degrés, suivant que le liquide est plus ou moins alcoolique.

ALCALOÏDES CADAVÉRIQUES OU PTOMAÏNES QUE L'ÉTHER EXTRAIT DES LIQUIDES ACIDES

En traitant par l'éther le résidu de l'extrait alcoolique acide repris par l'eau, on sépare la picrotoxine, la colchicine, la digitaline, et ainsi que l'auteur l'a reconnu également, des ptomaïnes.

L'éther, étant séparé et évaporé, le résidu est rendu alcalin par l'eau de baryte, puis repris à l'éther ; il se sépare de ce dernier une matière possédant une réaction franchement alcaline qui fournit les réactions générales des alcaloïdes.

Le traitement ci-dessus fut appliqué aux liquides retirés des viscères de cadavres ayant été exhumés après des temps différents d'ensevelissement (pas au delà d'un mois).

Les alcaloïdes retirés dans ces différents cas ne se comportaient pas également avec les mêmes réactifs. Cependant, tous précipitaient avec le tannin, l'acide iodhydrique ioduré et le chlorure d'or. Quelques-uns seulement précipitaient avec le bichlorure de mercure

Toutes les ptomaïnes donnaient une belle coloration violette, quoique légère, quant au résidu d'évaporation de 2 ou 3 gouttes de solution aqueuse, on ajoutait 3 gouttes de HCl et 1 goutte de SO^4H^2 en chauffant légèrement.

Elles donnaient toutes un rouge plus ou moins violacé par l'acide sulfurique seul.

Elles différaient en ce que quelques-unes réduisaient l'acide iodique ; d'autres donnaient une réaction colorée avec l'acide iodique, l'acide sulfurique et le bicarbonate de soude employés successivement. La réaction s'obtient avec facilité. On évapore à siccité quelques gouttes de la solution aqueuse de la ptomaïne, on ajoute une goutte d'acide iodique, puis deux gouttes d'acide sulfurique, on agite et on sature par du bicarbonate de soude en poudre. Quand la réaction tarde à se manifester, on ajoute une goutte d'eau : le rose se forme.

Avec l'acide nitrique, toutes donnaient plus ou moins une belle couleur jaune qui augmente d'intensité en chauffant légèrement ; en neutralisant par l'ammoniaque, la potasse ou un carbonate alcalin, la teinte passe au jaune d'or.

L'auteur a observé dans un cas une réaction singulière. La ptomaïne évaporée à sec, chauffée avec de l'acide sulfurique, puis saturée par le bicarbonate de soude, a laissé dégager une odeur aromatique agréable, rappelant les fleurs d'églantier et d'oranger.

Cette odeur a persisté pendant un jour ou deux.

Dans un autre cas, une ptomaïne extraite du liquide acide se dissolvait en violet dans l'acide sulfurique à froid, réduisait immédiatement l'acide iodique et le chlorure d'or. La solution sulfurique, abandonnée à elle-même pendant plusieurs jours, passa au jaune en exhalant une odeur de fleurs d'églantier. En saturant le liquide par un alcali et reprenant ensuite à l'éther, on obtint par évaporation une autre ptomaïne qui différait de la précédente dans sa manière d'être avec les réactifs généraux, mais qui donna néanmoins l'odeur agréable d'églantier, par l'action des acides iodique et sulfurique saturés ensuite par le bicarbonate de soude.

Dans deux autres cas, la solution nitrique de la ptomaïne, laissée à elle-même, après un certain temps, exhalait une odeur aromatique qui, pour l'une, rappelait les fleurs d'églantier, et pour l'autre l'odeur du tabac mêlée à une odeur de violette.

PTOMAÏNES EXTRAITES DE LA MATIÈRE GRASSE

La matière grasse cadavérique contient des acides libres, qui, suivant l'auteur, peuvent retenir des alcaloïdes combinés avec les acides gras, le dissolvant acide employé ordinairement n'est pas capable de les extraire complètement.

Pour obtenir ces ptomaïnes, l'auteur a fait bouillir la matière grasse avec de l'acide sulfurique dilué, puis a traité par l'éther et le sulfure de carbone. Le liquide acide fut mis en digestion avec du carbonate de baryte, rendu alcalin et agité avec l'éther. L'éther donna par évaporation un résidu coloré, à réaction alcaline, d'une saveur piquante, qui, neutralisé par de l'acide acétique, précipita avec le tannin, l'acide iodhydrique ioduré, les chlorures de platine, d'or et de mercure, se troubla avec l'acide picrique, se colora en jaune avec l'acide nitrique mais sans donner le jaune d'or en saturant avec la potasse. Il réduisait fortement l'acide iodique.

Avec l'acide sulfurique dilué, il se colora en violet; dans la solution sulfurique, en ajoutant de l'acide iodique, il y eut de l'iode mis en liberté; en saturant ensuite par le bicarbonate de soude, on obtint une coloration rose qui commença à se former pendant la saturation, et qui augmenta d'intensité jusqu'à la fin.

PTOMAÏNES EXTRAITES PAR L'ÉTHER DES LIQUIDES ALCALINS

Les ptomaïnes extraites par l'éther des liquides alcalins donnent des réactions colorées et quelquefois des produits cristallins, lesquelles se décomposent facilement en dégageant des vapeurs alcalines d'odeur cadavérique.

En examinant physiologiquement ces ptomaïnes, on observe que, souvent, elles produisent la dilatation de la pupille et la diminution des mouvements respiratoires.

Sur dix cas, six ont produit la mort d'une grenouille, laissant le cœur en systole et épuisé de sang.

Suivant le mode d'extraction, le degré de putréfaction de la matière, les ptomaïnes se comportent différemment avec les réactifs généraux ; quelques-unes précipitent avec le chlorure de platine, cyanure d'argent et de potasse et avec le bichromate de potasse ; d'autres (et c'est la majeure partie) ne donnent pas de précipité avec ces réactifs.

Toutes ces ptomaïnes possèdent une réaction alcaline, une saveur piquante un peu âcre, qui engourdit la langue avec une sensation d'étranglement du gosier quand on en avale. Une de ces ptomaïnes, retirée de viscères conservés longtemps dans l'alcool, avait une saveur amère.

Ce fut en 1871 que l'auteur observa, pour la première fois, une réaction colorée avec des ptomaïnes extraites par l'éther des liquides alcalins.

En travaillant sur des viscères humains il obtint des ptomaïnes pouvant conduire à des erreurs graves en toxicologie. Ayant fait tomber une goutte d'acide sulfurique sur le résidu de l'extrait éthéré, il se forma une coloration violette.

Dans une autre expérience, la ptomaïne obtenue ne donnait pas la réaction de cet acide comme caractéristique de la morphine.

La justesse de cette déduction fut confirmée dans une troisième expérience avec une ptomaïne extraite d'un liquide alcoolique dans lequel on avait conservé pendant longtemps une préparation anatomique.

Cette ptomaïne réduisait également l'acide iodique, et de plus précipitait en jaune rouge l'acétate de cuivre, en noir le calomel, et en blanc le sublimé corrosif ; et passait du jaune au bleu avec l'acide phosphomolybdique.

Les ptomaïnes extraites par l'éther des liquides alcalins possèdent en général une action réductrice; elles réduisent l'acide iodique, le chlorure d'or, le bichromate de potasse en présence d'acide sulfurique qui passe avec le temps au vert; le perchlorure de fer, dans lequel on constate la réduction avec une goutte de prussiate rouge de potasse.

Voici quelques exemples de ptomaïnes donnant des réactions colorées.

L'extrait éthéré des viscères d'une femme morte naturellement, lequel était d'une teinte jaunâtre, de réaction alcaline, distribué dans plusieurs capsules et évaporé à sec, a donné :

1° Avec une goutte d'acide sulfurique un peu dilué, un beau violet qui brunit par agitation. Par addition d'eau bromée le rouge persiste;

2° Avec le réactif de Frœhde la réaction est à peu près la même qu'avec l'acide sulfurique;

3° Avec l'acide sulfurique et l'oxyde de cérium, il se forme une coloration rouge plus durable et plus intense que les précédentes.

L'extrait éthéré des viscères d'un cadavre exhumé après un mois d'ensevelissement donna :

1° Avec l'acide sulfurique, une coloration jaune-brun, paraissant rouge violet par la transparence et passant au rouge vineux par addition d'eau bromée;

2° Avec le réactif de Frœhde, une coloration jaune-brun passant au rouge violacé par agitation.

Avec l'extrait éthéré d'un cadavre exhumé depuis dix mois.

1° L'acide sulfurique produit subitement un léger violet, lequel avec l'eau bromée, passe au rouge rosé;

2° Avec le réactif de Frœhde, coloration jaune simple.

Quand, au lieu de faire réagir l'acide sulfurique seul avec certaines de ces ptomaïnes, on emploie un mélange de cet acide avec l'acide chlorhydrique, la couleur violette est plus belle et plus durable.

Pour faire cette réaction, on procède comme il suit : au résidu sec d'une grosse goutte de la ptomaïne, on ajoute cinq gouttes d'acide chlorhydrique et une petite quantité d'acide sulfurique, on chauffe légèrement, et la coloration violette se manifeste.

Si on abandonne le liquide à lui-même, la coloration ne commence à pâlir qu'après un jour.

Cette réaction est commune aux ptomaïnes retirées des liquides acides et aux ptomaïnes obtenues par l'alcool amylique.

L'acide chlorhydrique seul donne une coloration violette à chaud ; seulement la teinte est moins intense. Sous l'influence de l'air et à la température ordinaire, le violet passe au bleu. Certaines ptomaïnes ne donnant pas le rouge violacé avec l'acide sulfurique et le bicarbonate de soude fournissent cette teinte quand la saturation est terminée.

Toutes les ptomaïnes retirées par l'éther des liquides alcalins, produisent la réaction du jaune d'or avec l'acide nitrique chaud, saturé ensuite par la potasse caustique.

Quelques-unes donnent une coloration violette lorsqu'on les chauffe légèrement avec l'acide phosphorique ; quelquefois, en faisant réagir l'acide iodhydrique ioduré sur les ptomaïnes, on obtient des composés cristallins.

Les cristaux sont d'un jaune plus ou moins foncé, et formés de plaques étoilées.

Il n'est pas toujours facile d'obtenir le précipité à l'état cristallin si la ptomaïne n'a pas été purifiée au préalable des matières étrangères qui l'accompagnent souvent. On la purifie en la dissolvant dans l'éther, traitant dans l'acide acétique dilué, puis on rend la liqueur alcaline et on reprend à l'éther. La purification s'effectue encore en mêlant le produit avec la baryte desséchée, et épuisant le mélange par l'éther. Par ce procédé on risque de convertir la ptomaïne en une autre donnant avec l'acide iodhydrique ioduré des cristaux lamellaires verts ou bruns.

Un autre mode de purification consiste à ajouter lentement à la solution éthérée de la ptomaïne une solution d'acide tartrique dans l'éther. On laisse déposer, on décante le liquide, on lave le précipité à l'éther. On laisse déposer, on décante le liquide, il cristallise par évaporation spontanée.

Le tartrate, avec l'acide iodhydrique ioduré, fournit des cristaux semblables à ceux que donnent la digitaline. Souvent l'éther donne deux ptomaïnes différentes, dont l'une est une base très énergique.

On peut les séparer en faisant passer un courant d'acide carbonique dans la solution éthérée ; il se forme un carbonate de la ptomaïne la plus puissante, et la seconde reste dans le liquide clair.

Quelques ptomaïnes extraites par l'éther des liquides alcalins dégagent une odeur aromatique quand elles sont traitées par la baryte en poudre, puis reprises à l'éther. La nouvelle solution donne par évaporation spontanée un résidu exhalant une odeur agréable, variant entre l'odeur de la cannelle et celle des fleurs d'oranger.

D'autres ptomaïnes traitées par l'acide chlorhydrique

et $\frac{1}{3}$ d'cide sulfurique non seulement donnent la coloration violette à chaud, mais encore laissent dégager un parfum de fleurs d'églantier, odeur qui se manifeste aussi en addition nant la solution sulfurique d'une goutte d'acide nitrique, et 'abandonnant à elle-même pendant un jour.

PTOMAÏNES EXTRAITES PAR LE CHLOROFORME

Si on agite avec le chloroforme les liquides alcalins, traités au préalable par l'éther, des ptomaïnes entrent de nouveau en dissolution. (La morphine, dans ces conditions, se dissout en minimes proportions.)

Les ptomaïnes solubles dans le chloroforme sont douées de propriétés alcalines énergiques, ont une saveur piquante qui engourdit la langue, saveur souvent âcre et plus ou moins amère.

Elles se décomposent facilement, même quand on évapore le chloroforme à basse température. Le résidu est en partie soluble. Pendant l'évaporation elles dégagent des odeurs qui, pour certaines, sont fétides, et pour d'autres aromatiques. Les vapeurs bleuissent le papier de tournesol. Dans quelques circonstances l'odeur dégagée est identique avec celle de la morphine.

En général, elles réduisent l'acide iodique comme les ptomaïnes décrites précédemment ; d'autres donnent naissance à des réactions colorées.

Une ptomaïne extraite avec ce dissolvant, de la matière d'un cadavre exhumé depuis six mois, a produit avec l'acide sulfurique une couleur rougeâtre, qui ne changea pas par addition d'eau bromée. Avec le réactif de Frœhde elle donna une coloration rouge manifeste.

Elles forment souvent, avec l'acide iodhydrique ioduré, des des produits cristallisés en longues lamelles tordues.

PTOMAÏNES EXTRAITES AVEC L'ALCOOL AMYLIQUE

La première ptomaïne extraite par l'auteur au moyen de l'alcool amylique fut celle dont il donna note au Congrès scientifique assemblé à Palerme.

Elle avait été retirée du cerveau et du foie; elle ne réduisait pas l'acide iodique, mais formait avec l'acide iodhydrique ioduré, un précipité rose-brun qui, examiné au microscope immédiatement après sa formation, apparut en cristaux bruns, qui peu à peu se transformèrent en gouttelettes jaunâtres.

Physiologiquement, cette ptomaïne ne possédait pas de propriétés toxiques sur les animaux.

L'auteur donna note, le 2 janvier 1876, à la R. Académie des Lincei, d'un alcaloïde très vénéneux, insoluble dans l'éther, soluble dans l'alcool amylique. Injecté dans la veine d'un gros lapin, il produisait la mort en deux minutes avec convulsions tétaniques, paralysie du cœur et dilatation de la pupille. Avec l'acide iodhydrique ioduré, il formait des cristaux lamellaires bruns ramifiés.

Avec l'alcool amylique, l'auteur a extrait des matières molles provenant d'un cadavre extrait un an après la mort, une ptomaïne ne donnant pas de produits cristallins. Injectée dans la veine d'un lapin, elle donna des convulsions tétaniques produisit la dilatation de la pupille après un certain temps, et occasionna la mort deux heures après l'injection.

Pour séparer cette ptomaïne du dissolvant amylique, l'auteur ajouta de l'eau à la solution et fit passer un courant d'acide carbonique. Dans l'alcool amylique séparé par décantation, il constata la présence d'une autre ptomaïne par addition d'eau et d'acide sulfurique. La petite quantité de cette ptomaïne permit seulement de constater ses propriétés alcaloïdes avec quelques réactifs généraux.

PTOMAÏNES EXTRAITES DE LA MATIÈRE ÉPUISÉE PAR L'ÉTHER ET L'ALCOOL AMYLIQUE

Les extraits cadavériques épuisés par l'éther et l'alcool amylique, conservent souvent une action réductrice sur l'acide iodique. Cette action est due à quelques alcaloïdes, formant des combinaisons difficilement décomposables par les alcalis dilués.

La présence de ces ptomaïnes a été constatée de la manière suivante : Le liquide aqueux et alcalin fut débarrassé des traces de l'alcool amylique dont il était imprégné par évaporation à une douce chaleur; il fut alors additionné de chlorhydrate d'ammoniaque. Il se forma un léger dépôt granulaire jaune dans lequel, au microscope, on constata la présence de petites lamelles triangulaires transparentes, incolores.

Le dépôt traité par l'acide iodique et l'acide sulfurique dilué, en présence de sulfure de carbone, met de l'iode en liberté.

En le traitant par le réactif de la morphine il ne donna pas de réaction. Le liquide dans lequel s'est séparé le dépôt granulaire continue à réduire fortement l'acide iodique. En le distillant dans le vide à une douce chaleur, il laisse un résidu jaune-brun qui, traité par l'alcool absolu, se dissout en partie. La partie insoluble, broyée, mise en digestion avec l'alcool absolu, puis filtrée et lavée, laisse un résidu très soluble dans l'eau avec coloration jaune-brun. Cette solution fut traitée par l'acétate basique de plomb et donna un abondant précipité qui fut recueilli et lavé ; les eaux de lavage, qui étaient légèrement jaunâtres, contenaient un excès de plomb qui fut précipité par l'hydrogène sulfuré et séparé par filtration.

Le liquide fut évaporé au bain-marie pour chasser l'excès d'hydrogène sulfuré et pour le concentrer.

Quand il fut réduit à un petit volume, il laissa déposer sur les bords du vase (verre de montre), et à la surface du liquide, une matière blanche qui fut recueillie et mise à égoutter sur du papier filtre. Ce corps est soluble dans l'eau, insipide et laisse sur la langue une légère sensation d'engourdissement. La solution aqueuse, acidulée avec une goutte d'acide sulfurique délayé, donne immédiatement de l'iode avec l'acide iodique et le sulfure de carbone. Traitée par la potasse caustique elle dégage d'abord une odeur ammoniacale et une odeur difficile à définir. Par évaporation de la solution sur une lame de verre, il se forme des cristaux microscopiques blancs, distribués en belles ramifications.

Le perchlorure de fer donne avec cette substance, un précipité couleur rouille.

Avec un sel ferroso-ferrique, un précipité brun.

Avec l'acide iodique, il se dégage de l'iode libre ; en faisant ensuite succéder l'acide sulfurique et le bicarbonate de soude, la solution est moins colorée.

Avec l'acide nitrique, il se forme une coloration jaunâtre à peine manifeste, qui se fonce un peu à chaud; si on sature à ce moment avec de la potasse, il se forme un jaune peu intense.

L'acide sulfurique à froid n'a pas d'action; en ajoutant de l'eau bromée, il ne se produit pas de coloration violette.

L'acide sulfurique à chaud brunit un peu la liqueur.

Avec les réactifs généraux, elle se compose de la manière suivante :

Pas de précipité avec l'acide tannique, l'acide picrique, le réactif de Meyer, avec les iodures de cadmium et de potassium, de bismuth et de potassium, avec les cyanures de potassium et d'argent, avec le nitrate d'argent, avec le bichromate de potasse, avec l'acide bromydrique bromuré. Avec le chlorure de platine elle ne donne pas de précipité, mais au bout de peu de temps il se dépose des cristaux jaunâtres :

Avec le bichlorure de mercure précipité blanc.

Avec l'acide iodhydrique ioduré, précipité rouge-brun, qui disparaît après peu de temps.

Avec le chlorure d'or, précipité jaune, auquel succède la réduction de l'or métallique.

De ces expériences il résulte que la substance cristalline n'est ni de la morphine ni aucun autre alcaloïde mais, sans doute un acétate double d'ammoniaque et d'un alcaloïde cadavérique, que l'éther et l'alcool amylique ne retirent pas de la matière cadavérique.

La partie soluble de l'alcool fut traitée comme l'autre, c'est-à-dire fut évaporée. Le résidu dissout dans l'eau additionnée d'acétate basique de plomb, le liquide fut filtré, l'excès de plomb fut précipité par l'hydrogène sulfuré, puis filtré.

Le liquide évaporé à consistance sirupeuse laissa séparer

une matière blanche ; la partie sirupeuse, qui était jaune-brun, traitée par l'alcool absolu, laissa un précipité incolore qui fut lavé et séché. Sa solubilité dans l'eau, sa forme cristalline et ses réactions ont montré qu'il était identique avec celui décrit précédemment.

PRODUITS VOLATILS RETIRÉS DE LA MATIÈRE CADAVÉRIQUE

Produits volatils retirés de la matière cadavérique.

Quand on distille des liquides alcooliques ayant contenu des matières cadavériques putréfiées, il se dégage des produits volatils. Une partie de ces composés se condense avec l'alcool et, si on fait passer les produits non condensés dans une solution de nitrate d'argent, on voit celle-ci brunir puis laisser déposer un précipité rougeâtre. Ce précipité, séparé par filtration et traité par l'acide nitrique, devient d'un beau jaune. L'alcool obtenu par la distillation, contient de l'ammoniaque, de la méthylamine, de l'acide butyrique, ainsi que de produits neutres possédant une action réductrice sur le nitrate d'argent. Quand on le distille de nouveau, après l'avoir fortement acidulé pour empêcher la dissociation des sels des alcaloïdes, le distillat réduit encore le nitrate d'argent. Ce dernier liquide, redistillé, après avoir saturé par la soude, l'acide burytique et les autres acides qui peuvent l'accompagner, donne une nouvelle solution réduisant toujours le nitrate d'argent.

On peut conclure des expériences ci-dessus que, parmi les produits cadavériques de la distillation alcoolique, il y a des alcalis, des acides volatils et des corps neutres avides d'oxygène.

Probablement ce sont des aldéhydes : ils n'en diffèrent qu'en un point, ils ne réduisent pas l'argent métallique en miroir mais en poudre brune.

Les produits volatils de la matière cérébrale contiennent parfois des traces de phosphore, qu'on peut reconnaître en oxydant par l'acide nitrique et reconnaissant l'acide phosphorique par le réactif molybdique.

L'alcool ayant contenu des viscères putréfiés distillé, puis additionné d'acide nitrique, chauffé au bain-marie, dégage abondamment des gaz et se colore en rouge-violet. A un certain moment de la concentration, la couleur passe rapidement au jaune-orange et enfin au jaune d'or.

Par refroidissement, la solution laisse déposer des cristaux de nitrate d'ammoniaque. Les eaux-mères, saturées par de la soude, dégagent abondamment de la triméthylamine. Cette réaction colorée s'obtient toujours, quand on opère dans les mêmes conditions. La matière colorante s'obtient en saturant en partie l'acide nitrique, quand la couleur a atteint son maximum d'intensité. On laisse le liquide légèrement acide, on ajoute alors du sulfure de carbone, puis on fait tomber goutte à goutte une solution de potasse, en agitant de façon à ce que la matière colorante entre en dissolution dans le sulfure de carbone. (Il faut éviter d'ajouter un excès de potasse.)

Le sulfure de carbone, décanté et évaporé, laisse un résidu rouge-vineux, non cristallisé, mêlé à une autre matière.

Il est soluble dans l'eau et dans l'alcool. La solution, dans le sulfure de carbone, agitée avec de l'eau et de l'acide nitrique ou sulfurique, colore l'eau en rouge-violet.

La solution aqueuse verdit avec les alcalis, passe au jaune avec la magnésie caustique et avec le carbonate de chaux.

Les acides la ramènent à sa couleur primitive.

FORMATION DE LA CONICINE

Ladenburg publia en 1876 une notice concernant un alcaloïde retiré de viscères humains en putréfaction, qui donnait plusieurs réactions propres à la cicutine ou conicine; cet alcaloïde n'était pas volatil et n'agissait pas comme un poison sur les animaux.

Cette note engagea l'auteur à prendre date d'une de ses observations dans laquelle il avait rencontré de la conicine ou un isomère dans les produits volatils d'un cadavre exhumé.

En distillant la matière cadavérique tenue en dissolution dans l'alcool, acidulant avec l'acide chlorhydrique le produit de la distillation, évaporant, traitant par l'eau de baryte et l'éther, la solution éthérée, évaporée spontanément, laissait un résidu d'alcaloïdes volatils parmi lesquels dominait la triméthylamine reconnaissable à son odeur particulière. En séparant la triméthylamine, le produit restant possédait l'odeur de la conicine (odeur d'urine de rats). La petite quantité de cet alcaloïde que l'auteur a obtenue n'a pas permis l'examen avec les réactifs particuliers de la conicine.

A plusieurs reprises, l'auteur a obtenu des ptomaïnes possédant l'odeur de la conicine :

1° En traitant par la potasse la matière cadavérique épuisée à l'éther et l'alcool amylique;

2° En faisant évaporer, à une douce chaleur, en présence d'un peu d'eau, l'extrait au chloroforme des viscères d'un cadavre exhumé depuis six mois;

3° Ayant conservé pendant deux mois en tube fermé une

ptomaïne dissoute dans l'eau ; cette ptomaïne avait été extraite d'une matière cadavérique récente, en traitant par l'éther l'extrait aqueux résidu alcalin, et précipité par un courant d'acide carbonique. Quand elle fut introduite dans le tube, elle dégageait l'odeur ordinaire de ces substances, après deux mois, le tube fut cassé, le liquide dégageait franchement l'odeur de conicine.

Des observations précédentes, il semble que la conicine se forme pendant la putréfaction de la matière cadavérique, ou par la décomposition spontanée de certaines ptomaïnes.

Parmi les produits volatils, il se rencontre constamment des acides butyrique, valérianique, et probablement d'autres acides de la série grasse, comme l'acide caprylique, qui peuvent en présence des corps réducteurs, former des aldéhydes ; ces derniers qui réagissent sur l'ammoniaque seule ou sur l'ammoniaque en présence d'hydrogène, ou encore sur la triméthylamine peuvent former de la conicine.

Deux molécules d'aldéhyde butyrique $2C^4H^8O$ et une molécule d'ammoniaque par soustraction de $2H^2O$ donnent de la conicine.

$$2\ C^4H^8O + AzH^3 - 2H^2O = C^8H^{15}Az$$

L'acide butyrique et l'ammoniaque en présence de l'hydrogène en donnent également.

$$2\ C^4H^8O^2 + AzH^3 + 2H^2 - 4H^2O = C^8A^{15}Az$$

Entre l'acide valérianique et la triméthylamine, il s'en forme également.

$$C^5H^{10}O^2 + C^3H^9Az - 2H^2O = C^8H^{15}Az$$

L'acide caprylique et l'ammoniaque moins deux molécules donnent de même :

$$C^8H^{16}O^2 + AzH^3 - 2H^2O = C^8H^{15}Az$$

La conicine peut encore prendre naissance avec quelques-uns des acides amidés que M. Schutzenberger trouve dans les produits de décomposition de l'albumine :

$$2\ C^4H^9AzO^2 + 4H^2O - 4H^2 = AzH^3 + C^8H^{15}Az$$

Il serait facile de multiplier les équations en mettant en réaction d'autres acides gras et d'autres aldéhydes avec l'ammoniaque, la méthylamine, la triméthylamine, l'azote et l'hydrogène naissant, pour démontrer l'origine possible (même probable) de la conicine, et expliquer les cas dans lesquels l'auteur l'a obtenue comme produit direct et non comme produit de décomposition.

COMPARAISON DES PTOMAÏNES AVEC QUELQUES ALCALOÏDES VÉGÉTAUX

On peut se demander si certaines ptomaïnes et certains alcaloïdes volatils décrits précédemment, dont une partie des réactions est commune avec celles de quelques alcaloïdes végétaux ne proviendraient pas d'alcaloïdes administrés comme médicaments et ayant été modifiés pendant la putréfaction ou l'extraction en donnant naissance à des produits variés et à des isomères. L'auteur a éclairci cette question et a conclu à la négative.

En premier lieu, l'auteur a opéré sur les viscères de personnes mortes naturellement, exhumées avec le contrôle de l'autorité municipale. Autant que possible, il a cherché à savoir quelles avaient été les substances administrées dans les derniers jours des maladies. Les recherches ont été faites avec des viscères frais, et en laissant putréfier.

L'auteur a obtenu des résultats semblables avec des cadavres exhumés en temps différents, et ayant appartenu à des personnes mortes de maladies différentes et ayant été par conséquent traitées avec des médicaments d'origines diverses. On ne peut donc pas attribuer la présence de ces ptomaïnes à des produits de décomposition des alcaloïdes. En outre, les matières employées avaient été essayées au préalable pour s'assurer de l'absence d'alcaloïdes végétaux. Les ptomaïnes obtenues ont été comparées avec des réactifs appropriés pour les distinguer des alcaloïdes végétaux. Dans certains cas, alors que les réactifs ne suffisaient pas, pour établir cette distinction, l'auteur a eu recours à l'examen physiologique.

Enfin on ne peut nier l'existence des ptomaïnes ; les réactions par lesquelles elles se rapprochent des alcaloïdes végétaux, l'action toxique de plusieurs après la confirmation qui a succédé à l'annonce de leur existence, par MM. Lussana, Albertani, Morigia, et Battistini en Italie, MM. Rœrsch et Fassbender, Grunning, Bence Jones, Ladenburg, et autres hors d'Italie.

CODÉINE ET MORPHINE

Parmi les ptomaïnes que l'éther retire des liquides alcalins, on rencontre plus fréquemment celles qui réduisent l'acide iodique, qui donnent plus ou moins le jaune avec l'acide nitrique, se teintent en rose violacé avec l'acide sulfurique chaud ou non, ou avec un mélange des acides chlorhydrique et sulfurique et fournissent un résidu rose alors qu'elles sont traitées avec l'acide iodique et sulfurique, l'acide étant neutralisé ensuite par le carbonate de soude.

Sauf les réactions de l'acide iodique et de l'acide nitrique, les autres réactions sont semblables à celles obtenues avec la codéine, surtout celle de l'acide iodique et sulfurique saturés par le bicarbonate de soude. L'action réductrice sur l'acide iodique pouvant être attribuée aux impuretés d'origine cadavérique, peut laisser place au doute, d'autant plus que cette réaction est excessivement sensible et se manifeste déjà pour des quantités de deux à trois centimilligrammes.

Dans ce cas, la réaction de Pellagri, qui est commune à la morphine et à la codéine, mais ne donne pas de coloration avec les ptomaïnes, peut être utilement employée.

On peut encore reconnaître si on a de la codéine ou une ptomaïne au moyen de l'acide sulfurique et du réactif d'Erdmann.

La morphine n'est pas aussi peu soluble dans l'éther des liquides alcalins qu'on croit. Quand on attend vingt-quatre heures, en agitant avec un excès d'éther, une partie de la morphine se dissout. Par conséquent, on pourrait aussi attribuer les réactions indiquées à la morphine. Mais alors on distingue la morphine avec le perchlorure de fer, avec la réaction de Pellagri, et enfin par l'acide iodique, auquel on fait succéder les acides sulfureux et sulfurique qu'on sature ensuite par le bicarbonate de soude, les ptomaïnes ne donnant pas le bleu avec le premier, ne se colorant pas par la réaction de Pellagri, et avec celle des trois acides. Il est plus difficile de discerner la morphine des ptomaïnes insolubles dans l'éther, solubles dans l'alcool amylique, car souvent celles-ci donnent les réactions avec l'acide iodique, avec l'acide sulfurique, avec les deux acides sulfurique et chlorhydrique et avec les acides iodique et sulfurique saturés par le bicarbonate de soude; elles se comportent comme la morphine avec les dissolvants et ont la tendance à former des composés cristallin avec l'acide iodhydrique ioduré qui, quelquefois, sont en lamelles brunes, absolument semblables à l'iodomorphine.

Dans ce cas, avec la réaction de Pellagri, avec celle des trois acides et le bicarbonate de soude, avec le perchlorure de fer et aussi avec l'acétate basique de plomb, on peut reconnaître si on a affaire à de la morphine ou à une ptomaïne.

ATROPINE

Les caractères chimiques les plus certains de l'atropine consistent en l'odeur agréable qui se dégage.

Quand on la chauffe à 150° avec l'acide sulfurique concentré, ou avec un mélange des acides chlorydrique et sulfurique jusqu'à ce que le premier des deux acides soit évaporé. M. Gulielmo qui, le premier, observa ce phénomène, affirme que l'odeur ressemble à celle des fleurs d'oranger; M. Otto la compare à celle de la spirea ulmaria; M. Dragendorff et autres à celle de la prune.

Pour mieux sentir, on neutralise l'acide avec le bicarbonate de soude; l'acide carbonique en se dégageant entraîne l'odeur. Or, comme il a été indiqué pour les ptomaïnes retirées soit des liquides acides, soit des liquides alcalins, souvent il se manifeste une odeur agréable, telle qu'il est impossible de la discerner de celle indiquée pour l'atropine.

Des observations faites avec des ptomaïnes odorantes comparées avec l'atropine ont conduit l'auteur aux résultats suivants :

1° Les ptomaïnes abandonnées à elles-mêmes en solution aqueuse, après deux ou trois jours, dégagent spontanément l'odeur des fleurs d'oranger ou des fleurs d'églantier ou une autre odeur agréable; la solution d'atropine ne le fait pas;

2° Les ptomaïnes traitées par les acides nitrique, sulfurique, phosphorique, séparément, à chaud ou à froid, donnent après un jour l'odeur en question. L'atropine avec ces acides reste inodore;

3° Les composés salins formés à chaud par l'action de l'acide sulfurique et chlorhydrique sur les ptomaïnes, en saturant ensuite par le bicarbonate de soude, continuent à dégager pendant longtemps l'odeur agréable indiquée; l'atropine ne dégage cette odeur agréable que pendant un temps très court.

DELPHININE

La delphinine peut facilement être confondue avec certaines ptomaïnes des liquides alcalins solubles dans l'éther. La delphinine ne possède réellement aucune réaction spéciale permettant de la déterminer d'une façon absolue; lorsqu'elle est extraite de la matière cadavérique, elle est toujours imprégnée de substances hétérogènes qui rendent moins nettes les caractères chimiques.

Quand on a à rechercher de la delphinine, on observe ce qui suit :

1° La saveur est âcre, un peu amère, piquante, l'amertume est imperceptible si la delphinine est en petite quantité;

2° L'acide sulfurique donne une coloration brun clair ou rouge brun qui disparaît après 18 heures;

3° La solution sulfurique fournit avec l'eau bromée un rouge fugace ;

4° Le réactif de Frœhde produit aussi une teinte rouge ;

5° L'acide phosphorique à chaud donne aussi un rouge un peu sale ;

6° Avec l'acide sulfurique et le sucre, il se forme une tache brune entourée d'une auréole vert-sale; par l'addition d'une goutte d'eau le brun passe au vert.

Les réactions 5 et 6 ne réussissent pas toujours; la cinquième demande pour se produire un certain degré de concentration de l'acide, et une certaine température ; et pour la sixième il est nécessaire que la proportion de sucre ne dépasse pas une certaine limite au delà de laquelle on n'obtient pas de coloration. Il reste donc la saveur et les réactions colorées 1, 2, 3. En général, les ptomaïnes possèdent une saveur piquante qui devient âcre et amère si on se met sur le bout de la langue deux ou trois gouttes de solution concentrée. Les trois premières réactions colorées peuvent être données par quelques ptomaïnes avec des différences trop peu sensibles, pour permettre d'affirmer la présence de la delphinine.

Pour reconnaître la delphinine il faut, en outre des réactions chimiques, il faut l'expérience physiologique. L'auteur et le professeur Ciaccio et Vella ont reconnu que la delphinine injectée à une grenouille, lui donne la mort, laissant le cœur dilaté, si on opère en été ou à une température de 35 à 40 degrés. Les ptomaïnes tuent les mêmes animaux laissant le cœur contracté et épuisé.

CONCLUSIONS

Tout ce qui vient d'être dit sur les ptomaïnes peut être résumé ainsi :

1° On peut extraire de la matière animale plus ou moins putréfiée quelques substances ayant les caractères des alcaloïdes, quelques-unes d'elles produisent un effet réducteur notamment sur l'acide iodique, le chlorure d'or et sur quelques autres réactifs capables de réduction.

2° Plusieurs alcaloïdes fixes et volatils se forment aux dépens de la matière animale en putréfaction. Quelques-uns sont solubles dans l'éther, d'autres insolubles mais solubles dans l'alcool amylique et quelques-uns sont insolubles dans ces deux dissolvants ;

3° Généralement les alcaloïdes cadavériques fixes donnent un précipité avec presque tous les réactifs généraux ; quelques-uns précipitent avec le chlorure de platine, avec le cyanure argentico-potassique et avec le bichromate de potasse ;

4° Les ptomaïnes peuvent donner naissance à des composés cristallins avec l'acide iodhydrique ioduré. Ces composés ressemblent quelquefois à ceux qui forment, avec ledit réactif, certains alcaloïdes végétaux ;

5° Les ptomaïnes fournissent des réactions colorées lesquelles peuvent ne pas se produire suivant les conditions de putréfaction et les modes d'extraction. Les principales réactions colorées sont les suivantes :

Avec l'acide sulfurique, moyennement concentré, coloration rouge violet;

Avec l'acide chlorydrique mêlé d'acide sulfurique à chaud, un rouge violet.

Avec l'acide sulfurique et l'eau bromée, coloration rouge plus ou moins manifeste qui pâlit après un certain temps.

Avec l'acide nitrique en chauffant un peu et ajoutant de la potasse, production d'un beau jaune d'or.

Avec l'acide iodique, l'acide sulfurique et le bicarbonate de soude, formation d'un rose violacé plus ou moins apparent.

6° Les ptomaïnes s'oxydent facilement et brunissent au contact de l'air en se décomposant : elles dégagent une odeur spéciale d'acide; d'autrefois l'odeur est semblable à celle de la conicine et parfois elles exhalent un parfum semblable à celui de certaines fleurs et de certains aromes;

7° Les ptomaïnes possèdent le plus souvent une saveur piquante qui engourdit la langue; l'engourdissement persiste plus ou moins longtemps; parfois la saveur est amère;

8° Pour les ptomaïnes solubles dans l'éther et celles qui sont insolubles dans ce liquide mais solubles dans l'alcool amylique, quelques-unes sont inoffensives sur les animaux; d'autres jouissent de propriétés toxiques énergiques.

9° Les symptômes de l'empoisonnement sont : la dilatation passagère de la pupille; le ralentissement et l'irrégularité des pulsations cardiaques, des mouvements convulsifs laissant le cœur épuisé de sang et contracté après la mort.

B. — SUR LE MÉCANISME DE LA FERMENTATION PUTRIDE DES MATIÈRES
PROTÉIQUES, PAR MM. GAUTIER ET A. ÉTARD

La découverte des alcaloïdes d'origine putréfactive, a eu
pour conséquence indirecte d'appeler l'attention sur le mécanisme de la désagrégation de la molécule des albuminoïdes
sous l'influence de la vie des infiniment petits. Est-il possible,
d'après la composition des produits provenant de la vie des
microbes, d'éclairer un peu la constitution interne de cette
molécule complexe? La connaissance des nouveaux alcaloïdes
permet-elle de préjuger la texture de l'édifice moléculaire
d'où ils dérivent? Malheureusement, malgré les nombreux mémoires publiés sur les ptomaïnes, surtout en Italie, l'analyse
élémentaire de ces corps, toujours obtenus en trop minime
proportion, n'a pas été faite; leur séparation et leur différen-
ciation restent indécises; leurs proportions générales sont mal
connues, leur constitution et leur synthèse n'ont été encore ni
entrevues ni soupçonnées.

I. Le travail que nous commençons aujourd'hui de publier
a été entrepris sur plusieurs centaines de kilogr. de matières,
dans le but de résoudre ces difficiles problèmes. La viande de
bœuf, cheval, poissons contenus dans des tonnelets de chêne
et autres ou des tonnes de verre, a été abandonnée pendant
les plus fortes chaleurs de l'été de 1881. Grâce au dispositif
adopté, nous pouvions sans difficultés ni dégoût, observer ce
qui se passait à l'intérieur de nos appareils, prendre des témoins pour l'examen microscopique ou autre, recueillir exactement tous les gaz, etc. Au cours de ces expériences, nous
avons fait sur le mécanisme du processus putréfactif lui-même

quelques observations que nous allons d'abord rapporter.

II. Au début, les muscles de bœuf ou de cheval étaient acides et sans odeur. Après quelques jours, alors même que l'on met par certains artifices la matière à l'abri de tout vibrion, le muscle dégage une odeur acide et laisse suinter sans se désagréger un liquide clair sirupeux qui paraît résulter d'un commencement de digestion de la chair musculaire, grâce à un ferment qui leur est propre. Cette liqueur, analogue à un sérum épais, presque incolore, contient 21 à 22 grammes par litre d'albumine coagulable par la chaleur et une très minime proportion de caséine.

Dans ce milieu, les fermentation lactique et butyrique ne tardent pas à s'établir sous l'influence de grands bacilles à 3 ou 4 articles; des bactéries en suite, et de granulations mobiles.

Les gaz se dégagent alors régulièrement. Ils renferment pour 100 vol. :

	CO^2	Az.	H.
Le septième jour....................	65	35	
Le neuvième jour....................	63	37	
Le onzième jour....................	52	48	
Le douzième jour....................	72	»	
Le treizième jour....................	67	7.5	17.5
Le seizième jour....................	84	7.7	12.3
Le vingt-sixième jour	88.5	11.5	traces

En même temps il se dégage seulement une trace d'hydrogène sulfuré et phosphoré : mais nous n'avons jamais observé la moindre proportion d'hydrogène carboné.

Dans les premiers jours, il se dégage surtout de l'acide carbonique et de l'hydrogène, gaz qui, vers le onzième jour, et souvent dès le sixième jour, sont à peu près à volume égal, comme si un hydrate de carbone se transformait à la fois en acides lactique et butyrique :

$$2\ C^6H^{12}O^6 \ =\ 2\ C^3H^6O^3\ +\ C^4H^8O^2\ +\ \underbrace{4H}_{4\ volumes}\ +\ \underbrace{2CO^2}_{4\ volumes}$$

Tel est le phénomène initial qui précède la vraie fermentation putride. Il paraît dû, dans la viande des animaux à sang chaud, à la destruction de carbones musculaires.

Les acides contenus dans la liqueur sont : l'acide lactique ordinaire et non sarcolactique, l'acide butyrique normal et homologues, et quelques acides à sels de zinc amorphes et peu solubles, réducteurs du nitrate d'argent.

Vers le 4ᵉ ou 5ᵉ jour, en été, l'azote libre commence à apparaître : on le voit, le 26ᵉ jour arriver, à 11,5 p. 100, tandis que l'hydrogène a disparu.

C'est avec l'apparition de l'azote que commence la véritable fermentation putride, les grands bacilles et bactériens disparaissent, remplacés par des bacilles très petits, souvent trémulants, et à la tête très réfringente, droits ou sinueux, mélangés à des ferments punctiformes. Ceux-ci attaquant la molécule albuminoïde par son coté urétique, en dégageant de l'acide carbonique et de l'ammoniaque, et le milieu devient bientôt alcalin. A ce moment la molécule protéique se réduit en partie, comme l'indique l'azote, l'hydrogène sulfuré, l'hydrogène phosphoré qui se produisent ; mais la grande masse de la molécule passe à l'état de leucine et de leucéines qu'accompagnent, comme on le sait, une petite quantité de phénol, de scatol, d'indol, et d'après nos recherches, de cathylamines et de ptomaïnes.

Le dégagement d'azote à l'état libre a été vérifié avec soin dans une expérience faite à part sur un kilog de viande. Elle avait été placée dans un bocal de verre, entièrement plein d'eau, bien privé d'air. Les gaz dégagés renfermaient pour ces volumes :

	CO_2	H	Az
Le quatrième jour	36.2	62.2	1.6
Le sixième jour	45.7	47.8	6.5

Au bout d'un certain temps, même en plein été, le travail putréfactif s'arrête, et avec lui tout dégagement gazeux. Le muscle conserve en partie sa coloration et sa forme, et semble comme passé à l'état imputrescible, même quand on le sépare avec soin de tous les produits formés et qu'on laisse pénétrer de nouveau l'air et l'eau.

III. Nous disons que la fermentation acide au début est un épi-phénomène qui n'est pas nécessaire et ne touche pas à la molécule albuminoïde. La putréfaction de la chair de poisson en est une nouvelle et évidente preuve. Celle-ci, dès le début de l'expérience, est alcaline ; dans une opération, 60 kilogrammes, de scombre scombrus, placé dans une bonbonne, ont bientôt donné un vif dégagement gazeux. On a trouvé pour 100 volumes :

	CO_2	H	Az	H_2S	PH_3
Le troisième jour	95	5		trace	trace
Le quatrième jour	95	5		»	»
Le cinquième jour	95	4		»	»
Le neuvième jour	68	2	07	6	trace
Le seizième jour	99.5	trace	trace	»	»

Dès le début il ne se fait donc dans ce cas qu'un très faible dégagement d'hydrogène, signe de la production d'un peu d'acide butyrique aussitôt saturé par l'ammoniaque, et la méthylamine, accompagné d'hydrogène sulfuré et phosphore divers, produisant, dans les sels de cuivre, un précipité jaune peu abondant. Comme dans le gras de la viande de bœuf, le dégagement s'arrête ici bientôt; mais le travail de la transformation moléculaire du muscle continue. La liqueur, qui contenait au début 21 grammes d'albumine par litre, ne renferme plus ni albumine ni caséine, au bout de quelques mois. La masse de la molécule est transformée en produits extractifs solubles dans l'alcool, très analogues comme aspect et odeur à ceux de l'extrait de viande et qui, après l'action de la chaleur et la concentration dans le vide, cristallisent en grande partie, formés qu'ils sont de leucines, leucéines, sels ammoniacaux et alcaloïdes putréfactifs.

Nous avons vu dans certaines expériences que, dès que s'établit franchement la fermentation putride des albuminoïdes, la réaction devient alcaline, l'hydrogène disparaît et il se fait un dégagement d'abord rapide, puis lent, d'acide carbonique mêlé seulement d'un peu d'azote et de traces d'hydrogène sulfuré et phosphoré : en même temps, nous avons constaté dans les liqueurs l'ammoniaque avec un peu de triméthylamine; les acides des séries grasses, bibasique et lactique, ainsi qu'une petite quantité d'acide malique, de tyrosine, phénol, scatol, indol, guanidine, xanthine et alcalis organiques. Tous ces produits en partie déjà vus, sont accompagnés au début d'une masse de glucoprotéine et de substance protéique soluble qui ne disparaissaient que lentement. Tel est le phénomène dans son ensemble, avec toute son apparente complexité. Une seule considération toutefois suffit à l'expliquer

jusque dans ses détails : la fermentation putride dissèque
la molécule albuminoïde en procédant par simple hydratation, et en mettant ainsi en évidence les noyaux multiples
entrant dans la constitution de la molécule protéique complexe qui se désagrège.

Comme dans l'hydratation des albuminoïdes par la baryte, si
bien décrite par M. Schützenberger, dès le début de la putréfaction, production facile et rapide d'ammoniaque et d'acide carbonique, accompagnés dans ce cas d'acides formique, acétique,
butyrique et succinique, ces deux derniers très abondants; apparition corrélative de quantités relativement considérables d'hé-
miprotéines et de glucoprotéines d'abord incristallisables et
complexes, puis de leucines, d'un peu de tyrosine et des autres
corps aromatiques ci-dessus indiqués. La molécule albuminoïde se dédouble donc, sous l'influence des bactéries, comme
sous celle de l'eau aidée de la chaleur et des alcalis, en deux
parties principales : l'une A, relativement résistante, celle que
forme ce noyau auquel M. Schützenberger donne la formule
générale $C\,H^{2n-4}Az\,O^2$ d'où dérivent les glucoprotéines et plus
tard les leucines; l'autre B, instable, qui se dédouble dès les
premiers jours :

1° En ammoniaque et acide carbonique comme le ferait le
nitrile CH^2Az^2 :

$$CH^2Az^2 + 2\,H^2O = CO^2 + 2\,AzH^2$$

2° En ammoniaque, acides carbonique, formique, acétique et
oxalique, comme le ferait le nitrile $C^4H^4Az^2O^2$:

$$C^4H^4Az^2O^2 + 4H^2O = C^2H^2O^4 + C^2H^4O^2 + 2AzH^3$$
$$C^4H^4Az^2O^2 + 4H^2O = C^2H^2O^2 + CH^2O^2 + CO^2 + 2AzH^2$$

La fermentation putride à l'abri de l'air est donc un mode puissant de dédoublement des albuminoïdes par hydratation, observation qui avait du reste déjà frappé Nerscki, mais tandis que la baryte hydratée est inapte, même à 250 degrés, à hydrater les amides formées : leucines, leucéines, etc.; celles-ci s'hydratent ici à leur tour, d'après nos expériences, lentement transformées par les bactéries en sels ammoniacaux :

$$C^4H^3Az^2O^2 + 4H^2O = C^2H^2O^4 + C^2H^4O^2 + 2AzH^3$$
$$C^4H^4Az^2O^2 + 4H^2O = C^2H^4O^2 + CH^2O^2 + CO^2 + 2AzH^3$$

et par l'hydratation d'un corps bien cristallisé, $C^{11}H^{26}Az^2O^2$ qui se produit abondamment dans la putréfaction de la chair de poisson :

$$C^{11}H^{26}AZ^2O^2 = C^4H^8O^2 + C^6H^{12}O^2 + CO^2 + 2AzH^3$$

Au bout de huit mois, nous n'avons plus trouvé que la cinquième partie de l'azote à l'état d'amide lanitique : le reste s'était hydraté suivant les réactions ci-dessus traduites : on peut, par l'éther, extraire en abondance l'acide succinique et ces divers acides de la liqueur putride acidulée par SO^4H^2.

La putréfaction étant essentiellement un processus énergique d'hydratation des albuminoïdes, il faut que les corps aromatiques observés et les bases dont nous allons parler (autant de corps qui ne peuvent dériver des précédents que par des hydratations), préexistent, à l'état de noyaux dans la molécule albuminoïde. Le mode d'extraction de ces corps basiques important, nous a longtemps retenus. Après bien des tâtonnements dont quelques-uns ont été exposés dans le Dictionnaire de Wurtz (article PUTRÉFACTION), nous nous sommes arrêté au procédé suivant :

Les produits liquides de la fermentation du scomber séparés des huiles, acidulés d'acide sulfurique, ont été évaporés dans le vide ; les acides volatils, l'indol, le phénol, etc., s'échappaient. Le résidu, alcalinisé par la baryte, est filtré puis agité avec le chloroforme qui dissout les bases. Pour les extraire, les produits de la distillation du chloroforme sont fractionnés et traités par une solution d'acide tartrique, qui laisse une résine brute se rattachant à nos bases. Les solutions tartriques sursaturées de potasse dégagent une vive odeur de carbylamines, et mettent en liberté les bases huileuses qui surnagent. Elles sont enlevées par l'éther et séchées dans le vide.

Elles ont présenté tous les caractères de celles déjà entrevues par Selmi, ses élèves et nous-même. Ce sont les liquides aqueux, incolores, bleuissant le tournesol, saturant les acides forts, donnant, avec les acides nitrique, chlorhydrique, le ferricyanure de potassium et les sels ferriques les réactions des ptomaïnes ; précipitant par le brome, l'iode, les phosphomolybdates, etc. Elle se résinifient assez rapidement, leurs chlorhydrates bien cristallisés en feuilles de fougères et en cristaux de neige sont neutres ; leurs chloroplatinates sont mais tenace, et peu solubles et cristallins. L'odeur de ces alcaloïdes est faible, rappelle l'aubépine, l'hydrocollidine, et une amylamine que nous avons obtenue de la distillation du corps cristallin ci-dessus, répondant à la formule $C^{44}H^{26}Az^2O^6$, l'un des produits principaux de la putréfaction de la chair de poisson, corps qui revient à une glucoprotéine $+ 2H^2O$.

Les bases provenant des premiers extraits chloroformiques

répondent à la formule d'une paroline $C_9H^{13}Az$. Nous avons trouvé pour son chloroplatinate :

$$C = 31,8; H = 4,0; Az = 5,1; Pt = 29.3.$$

La théorie pour le chloroplatinate :

$$(C^9H^{13}Az,HCl)^2PtCl^4, \text{ veut : } C = 31,8; H = 4,1; Az\ 4,1; Pt = 28,5$$

Le chloroplatinate devient rapidement rose à l'air.

L'alcaloïde provenant des derniers extraits chloroformiques fractionnés bout vers 240 degrés. Sa densité à 0°, est de 1,0296. Il donne un chlorhydrate en fines aiguilles, amer. Son chloroplatinate jaune pâle, est cristallisé et peu soluble. Il se redissout à chaud et se prend en aiguilles recourbées.

Le chlore aurate est très instable. La base répond à la formule $C^8H^{13}Az$. Les analogues du chloroplatinate nous ont donné :

$$C = 80,1 \text{ et } 29.9; H = 3.8 \text{ et } 3.7; Az = 5.4; Pt = 29.1$$

Le calcul par :

$$(C^8H^{13}AzHCl^2)\ PtCl^4$$

exige :

$$C = 29.3; H = 4.2; Az = 4.2; Pt = 27.7$$

Ces nombres sont, il est vrai, peu satisfaisants, mais on doit observer que les faibles quantités d'une matière, accompagnée d'ailleurs d'un autre alcaloïde bouillant à une température plus élevée, et se décomposant en ammoniaque et produits d'odeur phénolique, ne nous ont pas permis une purification complète. La formule $C^8H^{14}Az$ répondrait mieux à nos analyses, mais le point d'ébullition, l'odeur, la viscosité et les propriétés générales rapprochent cette base de l'hydrocollidine que MM. Cahours et Itard ont dérivé de la nicotine, que nous n'avons pu hésiter un instant sur la composition de notre seconde ptomaïne, d'ailleurs isomérique avec celle de ces derniers auteurs.

D'après les considérations ci-dessus, l'existence de l'indol et des bases pyridiques et hydropyridriques dans les produits dérivés des albuminoïdes par hydratation putréfactive oblige à admettre pour plusieurs des radicaux de la molécule protéique les liaisons de l'azote et du carbone qui caractérisent les séries homologiques de :

$$C^5AzH^5 \text{ et } C^5AzH^5$$

C. — LES PTOMAÏNES ET LEUR IMPORTANCE DANS LA CHIMIE TOXICOLOGIQUE PAR HUSEMANN

La formation des ptomaïnes a particulièrement lieu dans les cadavres qui ont été soumis à une décomposition lente ; cette formation n'en a pas moins lieu souvent dans le cadavre des personnes mortes d'empoisonnement aigu par l'arsenic. Selmi a déjà étudié ces cas particuliers, mais il y a seulement quelques années qu'il a réussi à prouver que les bases particulières qui se forment dans ce cas et qui renferment de l'arsenic, ont des propriétés différentes des arsines connues jusqu'ici. Il ne paraîtra pas curieux que ces bases cadavériques arsenicales soient des toxiques violents, ce qui est d'ailleurs le cas des diverses arsines préparées artificiellement.

En 1878, Selmi a déjà fait connaître deux cas dans lesquels il a obtenu avec des cadavres exhumés, contenant de l'arsenic, des ptomaïnes cristallines et fortement toxiques. Dans le premier cas, il a opéré sur un cadavre exhumé quatorze jours après l'inhumation : le corps paraissait bien conservé et on y trouva une grande quantité d'arsenic; pendant les recherches des alcaloïdes, on a traité par l'éther le liquide rendu alcalin par la baryte, et obtenu une petite quantité d'une substance ayant une réaction alcaline et une saveur amère. Cette substance cristallise rapidement en aiguilles, fournit des sels cristallisables quand on les sature par des acides, et précipite par les réactifs principaux des alcaloïdes. Avec le chlorure de platine, elle donne un précipité seulement dans les solutions concentrées, avec l'acide sulfurique, cette ptomaïne donne une coloration rouge, en l'additionnant successivement d'acide iodique et d'acide sulfurique elle met de l'iode en liberté et il se produit une coloration violette qui disparaît complètement quand on sature par le bicarbonate de soude, l'acide nitrique fournit avec elle une belle coloration jaune rendue plus visible encore quand on sature par la potasse caustique.

L'acide sulfurique nitreux produit, seulement au bout de quelque temps, une coloration rouge. L'iode dans l'acide iodhydrique ne fournit aucun composé cristallin. La faible quantité de matière obtenue n'a pas permis de faire un examen physique et physiologique complet.

Peu de temps après, Selmi réussit à extraire d'un corps renfermant de l'arsenic et exhumé un mois après la mort, une plus grande quantité de ptomaïne facilement cristallisable. Il la prépara de la manière suivante.

Le liquide alcoolique provenant du traitement des matières fut concentré à 35 — 45° centigrades et réduit au volume de 60 centimètres, on l'additionna alors de baryte jusqu'à réaction alcaline et l'on agita avec de l'éther. L'éther séparé par évaporation spontanée laissa pour résidu 5 centimètres cubes d'un liquide aqueux trouble, légèrement coloré, possédant une réaction alcaline et un goût âcre. Le résidu est repris par de l'eau contenant de l'acide acétique. Il reste un léger résidu coloré; la liqueur acétique est rendue alcaline par la baryte, et de nouveau agitée avec l'éther.

Le résidu presque incolore est repris par de l'acide acétique étendu. La solution évaporée à sec sur la liqueur obtenue en reprenant le résidu par l'eau, on fait les réactions diverses qui donnent les résultats suivants :

RÉACTIFS	RÉACTION
Tannin.	Précipité blanc permanent.
Iode dans l'acide iodhydrique.	Précipité brun-kermès disparaissant graduellement et formant des cristaux microscopiques incolores.
Chlorure de platine.	Pas de précipité, il se forme longtemps après des cristaux jaunes.
Chlorure d'or.	Il se produit immédiatement un précipité jaune et au bout de peu de temps une réduction d'or métallique.
Chlorure de mercure.	Précipité blanc.
Bichromate de potasse.	Pas de précipité.
Acide picrique.	Précipité jaune qui se change au bout de quelque temps en longues tables cristallines jaunes.

Le résidu fourni par l'évaporation de la solution ci-dessus, se dissout à froid dans l'acide sulfurique concentré, sans colorer celui-ci. En chauffant, il se développe une couleur rouge faible qui ne se change pas en brun. L'acide sulfurique et le bichromate de potasse ne donnent aucune réaction colorée. La solution reste incolore, quand on la traite par le réactif de Frohde; la légère coloration jaune qui se forme au bout d'une heure disparaît rapidement quand on chauffe. Avec l'acide iodique, il n'y a pas d'iode mis en liberté, même après addition de plusieurs gouttes d'acide sulfurique.

Mais en chauffant il se forme rapidement de l'iode libre et, en saturant par le bicarbonate de soude, la coloration violette disparaît. L'acide sulfurique nitreux produit une belle coloration jaune citron permanente. L'acide nitrique seul produit une coloration semblable qui passe à l'orange quand on sature par la potasse caustique. En chauffant, la coloration jaune réapparaît et en évaporant doucement la solution on obtient un résidu qui prend une couleur orange intense quand on approche une baguette de verre trempée dans l'ammoniaque.

Le professeur Vella montra, en expérimentant sur une grenouille, que cette ptomaïne jouissait de propriétés fortement toxiques. Pour rechercher dans l'arsenic cette base, Selmi songea d'abord à la détruire par l'acide nitrique, mais il ne réussit pas, il lui resta un résidu jaune qui résista même à l'action de l'eau régale. Il obtint un meilleur résultat en traitant par l'acide sulfurique et le salpêtre. La substance sèche, dissoute dans l'acide chlorhydrique, ne donna ni une coloration jaune ni un précipité par l'hydrogène sulfuré, même après un jour et, comme on avait fait une opération sur plusieurs milligrammes de substance, on pouvait conclure à l'absence de l'arsenic. La difficulté qu'avait présenté l'attaque de la matière fit penser qu'on pourrait avoir affaire à une substance contenant du phosphore. Pour le rechercher, le résidu obtenu par l'évaporation de la solution chlorhydrique fut dissous dans l'acide nitrique et additionné de réactifs molybdiques, on n'obtint ni une coloration jaune ni un précipité, ce qui permit de conclure à la non-présence du phosphore.

Selmi réussit plus tard à extraire des bases organiques renfermant de l'arsenic, dans l'estomac d'un porc, qui avait été conservé dans une solution d'acide arsénieux, en vase clos et dans une chambre froide. En ouvrant ce vase on ne sentait aucune odeur désagréable et les tissus ne paraissaient pas avoir de tendance à se détruire. Le liquide, légèrement alcalin, fut distillé dans un courant d'hydrogène. Il passe un liquide clair, alcaline à la surface duquel nageaient quelques matières grasses. Ces matières ayant été séparées par filtration, on sature le li quide par l'acide chlorhydrique et on évapore au bain d'eau salé. Il reste comme résidu de l'évaporation des cristaux de chlorhydrate non déliquescents. Quand on humecte ces cristaux avec une goutte de solution de soude caustique, ils développent une odeur particulière, rappelant jusqu'à un certain point celle de la triméthylamine, mais qui ne peut pas plus êtr e confondue avec cette dernière qu'avec les autres méthylamines ou la propylamine. Selmi a trouvé de l'arsenic dans le chlorhydrate de cette base volatile, en opérant de la manière suivante : on détruit le chlorhydrate en l'oxydant par l'acide nitrique; on reprend le résidu par l'acide sulfurique; on réduit l'arsenic à l'état d'acide arsénieux au moyen de l'acide sulfureux, et on essaye finalement à l'appareil de Marsh. Le corps présente les réactions suivantes :

RÉACTIFS	RÉACTION
Tannin.	Pas de précipité.
Iode dans l'acide iodhydrique.	Précipité. Beaux cristaux, ayant l'apparence de l'iode.
Acide picrique.	Précipité jaune, qui se change à la longue en aiguilles jaunes.
Sulfate d'or.	Pas de précipité, mais il se dépose une petite quantité d'une poudre formée de cristaux microscopiques transparents.

dure de bismuth et de potassium.	Pas de précipité d'abord. Au bout de quelque temps il se dépose des flocons jaunes.
Phosphotungstate de soude.	Pas de précipité d'abord. Au bout de quelques temps il se dépose un précipité blanc.
Chlorure de platine.	Précipité immédiat de couleur jaune serin granuleux, formé d'octaèdres microscopiques.
Chlorure d'or.	Avec la sol. conc., précipités insignifiants présentant, au microscope, l'aspect de tables rhombiques jaunes.
Chlorure de mercure.	Rien même dans les sol. très concentrées.

Suivant des expériences faites par le professeur Ciacco, avec 24 milligrammes de cette substance, cette base est un poison des plus intenses et son action présente de l'analogie avec celle de la strychnine.

On a cherché ensuite à s'assurer si, en outre de la base volatile dont nous venons de voir les propriétés, il n'existait pas tant dans le liquide restant dans la cornue après distillation que dans la matière solide, une base fixe.

Pour cela on a versé sur la matière préalablement broyée le liquide restant dans la cornue, et on a additionné le tout de 4 fois son volume d'alcool et d'un peu d'acide tartrique. Après une digestion de 24 heures on a repassé l'alcool de nouveau extrait avec une nouvelle quantité de ce liquide. Les liquides alcooliques mélangés et filtrés ont été évaporés. Le résidu brun obtenu après avoir été rendu alcalin avec de l'hydrate de baryte, a été agité à trois reprises différentes avec de l'éther. Le liquide brun éthéré obtenu, possédant une réaction alcaline fut distillé. Le produit distillé avait une odeur particulière, différente de celle de la base volatile. Après évaporation spontanée, il restait un résidu qui acquérait au bout de quelques jours une odeur insupportable, quoique la base ait été convertie en un chlorhydrate déliquescent. La petite quantité de matière obtenue n'a pas permis d'en faire un examen attentif.

Le résidu de la distillation du liquide était brun gélatineux, alcalin; et presque insoluble dans l'eau. On l'a repris à une douce chaleur par de l'acide chlorhydrique dilué jusqu'à ce que la réaction soit faiblement acide; et on a obtenu une solution jaunâtre d'une odeur légère, désagréable, et d'un goût amer. Une goutte de cette solution mise sur la langue, produit une sensation de prurit, puis une perte de sensibilité. Cet alcaloïde présente les réactions suivantes :

RÉACTIFS	RÉACTION
Tannin.	Précipité jaunâtre se séparant lentement.
Acide iodhydrique contenant de l'iode.	Précipité rouge jaunâtre et gouttes brunes. Poudre jaunâtre qui ne devient pas cristalline même quand on la laisse reposer pendant plusieurs heures.
Chlorure d'or.	Précipité jaunâtre et peu de temps après réduction à l'état d'or métallique.
Chlorure de mercure. Iodure double de mercure et de potassium.	Précipité blanc et jaunâtre.
Iodure double de bismuth et de potassium.	Précipité jaune orangé devenant rouge.
Bicarbonate de potasse.	Précipité jaune rougeâtre.

Cet alcaloïde renferme aussi de l'arsenic, et suivant les expériences faites par le professeur Ciaccio sur des grenouilles, possède une action toxique. Contrairement à l'arsine volatile que nous avons vue précédemment, l'action de cette nouvelle base n'est pas analogue à celle de la strychnine. Son action se rapproche plutôt de celle des ptomaïnes toxiques. La torpeur, la paralysie, l'inactivité systolique du cœur sont les phénomènes les plus frappants.

Les recherches publiées par Selmi jettent de la lumière sur un des points les plus obscurs de l'histoire de la toxicologie au temps de Toffa et autres préparateurs de poisons, qui comprirent qu'on pouvait jusqu'à un certain point augmenter l'activité toxique de l'acide arsénieux. On sait le rôle important que jouèrent à une certaine époque, en Italie, *l'Aqua toffana*, et *l'Acquetta di Perugia*. Suivant la tradition, ce poison était préparé de la manière suivante :

On tue un porc; on l'ouvre et on en saupoudre les diverses parties avec de l'acide arsénieux; on laisse le tout en repos un certain temps, puis on recueille le liquide animal qui s'en écoule; celui-ci a des propriétés toxiques plus violentes qu'une simple solution d'acide arsénieux. Il n'y a pas de doute que dans ces conditions il se forme des arsines particulières. On doit aussi remarquer qu'il se forme, certainement, dans ce procédé, des composés d'acide arsénieux avec les alcalis inorganiques, composés qui s'absorbent plus rapidement que l'acide arsénieux.

Dans ce poison, il y a donc en solution la plus grande quantité possible d'acide arsénieux. Il est probable qu'on avait le même objet en but quand on préparait *l'Aqua toffana* avec addition d'un peu de plantes. On sait qu'on employait dans ce cas le jus du *Linaria symbolaria*. Selmi et Vella pensent que dans *l'Aquetta de Perugia* on a trouvé le moyen d'unir l'action de l'arsenic d'un côté avec celle des tétaniques de l'autre. Cette supposition qui est basée sur l'observation de Vella dans le cas d'un empoisonnement complété par l'arsenic et la strychine, ne concordent pas parfaitement avec les expériences faites sur les animaux à sang chaud, expériences dans lesquelles les spasmes tétaniques ne furent pas prévenus, pourvu que la strychnine fût donnée à dose toxique.

A un autre point de vue encore, les ptomaïnes contenant de l'arsenic paraissent avoir une certaine signification dans la toxicologie, en ce sens qu'elles viennent apporter un document de plus dans le cas d'un empoisonnement arsenical chronique par les papiers de tentures arsenicaux. Selmi a montré qu'il se forme un arsine volatile par l'action de l'acide arsénieux sur les matières albumineuses, et qu'elles possèdent une action très forte, et différente de celle de l'acide arsénieux. L'auteur pense qu'un produit analogue peut se former au contact de la colle qui entre dans la fabrication des papiers arsenicaux; l'humidité de l'atmosphère jouant peut-être également un certain rôle dans la formation de cette arsine.

D. — NOTES SUR LES RÉACTIONS DES PTOMAÏNES ET SUR QUELQUES CONDITIONS DE LEUR FORMATION, PAR BROUARDEL ET BOUTMY.

Dans la séance du 10 mai, nous avons eu l'honneur de communiquer à l'Académie une note sur une des réactions propres à caractériser la présence des ptomaïnes dans les produits extraits des cadavres. Nous avons dit : le cyanoferrure de potassium mis en présence des bases organiques végétales pures, prises au laboratoire ou extraites du cadavre après empoisonnement avéré, ne subit aucune modification. Il est au contraire instantanément ramené à l'état de cyanoferrure par l'action des ptomaïnes et devient alors capable de former du bleu de Prusse avec les sels de fer.

Dans la séance suivante, notre savant collègue M. Gautier a lu une note dans laquelle il confirme la réalité de ces résultats pour la grande majorité des bases naturelles.

« Cette réaction, dit M. Gautier, restera un précieux moyen de distinguer dans les cas douteux un alcaloïde artificiel ou cadavérique d'un alcaloïde naturel doué de propriétés chimiques et physiologiques analogues. »

Nous tenons d'abord à remercier M. Gautier d'avoir bien voulu vérifier les résultats que nous avions annoncés, et nous nous félicitons de la concordance de nos recherches. Nous nous étions placés sur le terrain exclusivement médico-légal, et sur ce terrain, tant qu'un fait avancé par un expérimentateur n'est pas confirmé par un autre, la confiance qui doit lui être accordée dans les expertises reste nécessairement restreinte, et sujette à discussion. Forts de l'appui de M. Gautier nous pourrons être nous mêmes plus rassurés.

M. Gautier ne fait de réserves à nos conclusions que sur deux points. Il signale d'abord un premier groupe d'alcalis végétaux pour lequel la réaction indiquée lui a paru pouvoir devenir douteuse. Ce sont l'hyoscyamine, l'émétine, l'igasurine, la vératrine, la colchicine, la nicotine, l'apomorphine. Mais, dit M. Gautier : « Il est bon de remarquer que la plupart des alcaloïdes naturels réduisent très lentement le ferrocyanure et donnent du bleu de Prusse. »

Mais cette réaction lente, qui demande plusieurs heures ou plusieurs jours, ne saurait se confondre avec celle des ptomaïnes qui est immédiate.

Nous sommes d'accord avec M. Gauthier et nous avons nous-mêmes indiqué qu'un des caractères de l'action des ptomaïnes était de *ramener instantanément* à l'état de cyanoferrure, le cyanoferride de potassium.

Le second est celui-ci : Un grand nombre d'alcaloïdes artificiels très vénéneux se comportent sous l'action successive

du ferrocyanure de potassium et des persels de fer à la façon
des ptomaïnes. M. Gautier cite : Un certain nombre de bases
phényliques : la naphthylamine, des bases pyridiques et hydro-
pyridiques : allyliques, acétoniques et aldéhydiques.

Ici encore nos résultats sont concordants avec ceux de
M. Gautier. Nous n'en avons pas parlé dans la note du 10 mai,
d'abord parce que bien que très vénéneux ces alcaloïdes ne
sont pas encore entrés dans les moyens toxiques, mis en usage
dans un but criminel, puis, pour une deuxième raison, c'est
que nous touchions en ce point à la théorie de la formation
des alcaloïdes cadavériques et nous ne comptions exposer
cette théorie que lorsque nos recherches auraient été plus
complètes.

Avant de communiquer nos premiers résultats à l'Académie,
nous désirons placer sous ses yeux quelques exemples d'une
autre réaction propre à ces alcaloïdes.

Le cyanoferride de potassium n'est pas le seul corps que réduisent les ptomaïnes, ces alcalis réduisent aussi le bromure
'argent.

Nous avons fait à ce sujet l'expérience suivante qui pourra
peut-être un jour fournir une pièce à conviction de plus aux
tribunaux.

Sur un papier préparé au bromure d'argent comme on
l'emploie en photographie, on trace avec une plume d'oie
trempée dans la solution de la base extraite du cadavre, le mot
ptomaïne et le nom de l'alcaloïde végétal auquel cette base
ressemble le plus (On sait en effet que les ptomaïnes présentent
certains caractères chimiques communs avec les alcaloïdes
végétaux).

Au bout de 1/2 heure d'attente, le papier bromuré resté à

l'abri de la lumière est lavé à l'hyposulfite de soude, puis à l'eau. Dans le cas où le cadavre ne renferme qu'une ptomaïne, ce mot reste tracé en noir sur le papier par suite de la réduction du bromure d'argent à l'état d'argent métallique; tandis que dans le cas où l'on se trouve en présence d'un alcali végétal, le papier ne porte aucune trace, ou une trace si faible qu'il est impossible de lire le nom qui la constitue.

La confusion entre la ptomaïne et la base similaire n'est donc pas possible. Mais il peut arriver que l'on soit en face d'un mélange de ptomaïne avec un alcali végétal. Comme dans cette hypothèse le nom des deux corps reste marqué à cause de la présence de la ptomaïne, il convient alors de modifier la méthode que nous avons indiquée et d'opérer comme il suit :

A l'aide d'une solution d'iodomercurate de potasse on titre la quantité de base existant dans la solution à caractériser; sans distinction entre la ptomaïne et l'alcaloïde végétal qui l'accompagne. Puis se servant d'une solution pure de ce dernier alcali, solution qu'on a préparée au même titre alcaloïdique que la précédente, on trace le nom de cet alcaloïde sur le papier bromuré à côté du même nom écrit avec le mélange d'alcaloïde et de ptomaïne. Après fixation, on reconnaît que la base prise comme terme de comparaison n'a pas laissé de trace sur le papier bromuré, tandis que le mélange de la même base et de la ptomaïne laisse une trace dont la netteté va croissant avec la quantité de ptomaïne.

II. Nous sommes loin d'avoir encore réussi à découvrir dans quelles conditions se forment les ptomaïnes, nous ne connaissons même pas toutes les variétés de ces alcaloïdes. Nous sommes conduits cependant à communiquer à l'Académie les résultats de nos premières recherches qui permettront de comprendre pourquoi les ptomaïnes réduisent le cyanoferride de potassium comme le font les bases phényliques et méthyliques.

Nous avons cherché d'abord à nous rendre compte des phénomènes chimiques qui se développent pendant la putréfaction. Dans ce but, nous avons entrepris depuis plusieurs mois avec l'aide de M. Descouts, notre chef des travaux médico-légaux de la Faculté, une série d'expériences.

Voici les conditions dans lesquelles nous nous sommes placés. Dans une caisse bien close, dont le poids est connu, nous mettons les cadavres. Les parois de la caisse sont en verre transparent. Nous plaçons le tout sur une balance. A mesure que le cadavre se putréfie, on recueille séparément les acides, les corps gras, les gaz simples et composés qui se forment, on les analyse et on en dose la proportion. La perte de poids subie par le cadavre est accusée chaque jour par la balance. Elle doit correspondre aux poids des produits recueillis.

En suivant cette méthode nous espérons résoudre non pas les problèmes de la putréfaction, ils sont infinis, du moins rassembler des documents précis sur ce sujet.

L'Académie nous excusera de fournir actuellement des résultats encore imparfaits, nous nous trouvons en effet en face d'expériences très lentes et que nous devons varier : arrêter les unes au bout de quelques jours, d'autres après quelques mois; nous devons aussi placer les cadavres dans des conditions variables de température, d'humidité, d'air ou de suppression d'air; étudier la putréfaction chez l'adulte, le nouveau-né et surtout le mort-né qui n'a pas respiré ni mangé d'aliments.

Nous ne voulons aujourd'hui indiquer que ce qui est relatif dans les expériences au mode de formation des ptomaïnes, elles semblent naître de préférence lorsque la putréfaction s'opère à l'abri du contact de l'air et résulte de l'union de certains hydrogènes carbonés avec l'azote provenant des tissus ou des liquides anormaux quand l'oxygène de ces matières et leur carbone disparaissent à l'état d'acide carbonique.

Les faits suivants semblent appuyer cette manière de voir :

Depuis longtemps nous avons remarqué que lorsque les cadavres apportés à la Morgue entraient en putréfaction gazeuse, les gaz qui gonflaient le tissu cellulaire variaient dans leur composition à diverses périodes de cette putréfaction. Une expérience grossière en fournit la preuve lorsque par une piqûre de la peau, on livre issue aux gaz, et que la putréfaction est peu avancée, ces gaz ne sont pas inflammables. Si la putréfaction l'est davantage, les gaz s'enflamment, sortent en sifflant et projettent une flamme bleuâtre par un jet comparable en intensité à celui du chalumeau ; lorsque la putréfaction est encore plus avancée, que l'épiderme s'enlève en larges lambeaux, que le corps tout entier est comme enveloppé par une couche de gaz qui ne permet plus aux membres de se rapprocher du tronc et aux traits du visage d'être reconnaissables, les gaz qui s'échappent par les piqûres ne sont plus inflammables.

Nous avons recueilli et analysé ces gaz. Voici les résultats :

Le 12 septembre, nous avons constaté que les gaz retirés du scrotum et de l'abdomen d'un noyé qui commençait à entrer en putréfaction étaient inflammables à l'air ; ils brûlaient avec

une flamme pâle et présentaient à quelques jours d'intervalle
la composition suivante sur 100 parties :

	SCROTUM	ABDOMEN
	Gaz au commencement de la putréfaction.	Gaz à une époque plus avancée.
Hydrogène pur	12,173	11,531
— sulfuré..............	1,259	1,398
— carboné.............	13,355	5,986
Oxygène.....................	7,851	traces
Acide carbonique..............	33,471	64,685
Azote......................	31,911	16,400
	100,000	100,000
Partie inflammable............	37,718	18,715
— non inflammable........	65,282	81,285
	100,000	100,000

En présence :

1° de la disparition de l'oxygène à mesure que la putréfac-
avance ;

2° de la diminution de 50 p. 100 dans les proportions d'azote
et d'hydrogène carboné ;

3° de la formation des ptomaïnes qui a lieu au fur et à
mesure que les éléments ci-dessus nommés deviennent latents,
nous avons pensé, ainsi que nous l'avons dit déjà, que l'hydrogène carboné concourait probablement, soit à l'état de
méthyle, de phényle, de toluyle (etc.) à la formation de corps
parmi lesquels se trouvaient les ptomaïnes et en ce moment
nous cherchons à vérifier l'exactitude de cette hypothèse.

Or, dans une des dernières séances, nous avons fait connaître
l'action réductrice instantanée qu'exercent les ptomaïnes sur
le cyanoferride de potassium, action que sauf la morphine et
l'atropine, aucun des alcaloïdes végétaux ne partage.

Nous avons pensé que si les hydrogènes carbonés (méthyle, phényle, etc.) entraient dans la composition des ptomaïnes, les alcalis végétaux dans lesquels on introduisait ces radicaux hydrocarbonés pourraient bien à leur tour réduire le réactif comme le font les ptomaïnes.

Nous avons donc procédé à la méthylation et la phénylation de plusieurs alcalis végétaux et ils ont acquis les mêmes propriétés réductrices que les ptomaïnes vis à vis du cyanoferride de potassium, mais avec un peu plus de lenteur.

Voilà la liste de ceux sur lesquels nous avons opéré :

Asarine.	Emétine.
Atropine.	Méconine.
Berbérine.	Narcéine.
Brucine.	Narcotine.
Cantharidine.	Papavérine.
Codeine.	Santonine.
Colchicine.	Solanine.
Delphinine.	Strychnine.
Digitaline.	Thébaïne.

Ils ont tous abondamment réduit le réactif.

Enfin, pour contrôler ces résultats, nous nous sommes assurés que plusieurs alcaloïdes artificiels contenant, soit du méthyle, soit du phényle, soit ces deux radicaux réunis étaient également privés du pouvoir réducteur sur le cyanoferride de potassium.

Ces alcalis (les seuls que nous possédions actuellement) sont :

L'aniline.	La méthylaniline.
La diphénylamine.	La méthyléthylaniline.
La triméthylamine.	La méthyldiphénylamine.
La diméthylalinine.	La méthyltoluidine.

auxquels il faut joindre ceux indiqués par M. Gautier.

Ces faits intéressants sembleraient donc indiquer que ces

ptomaïnes qui apparaissent sur le cyanoferride comme le font les bases méthylées ou phénylées mentionnées ci-dessus, contiennent comme ces dernières, du méthyle, du phényle (etc.) dans leur constitution.

Nous ne savons pas si l'avenir nous réserve de voir cette hypothèse se confirmer, mais nous avons cru pouvoir la faire connaître à l'Académie en raison du rapprochement curieux qui s'est révélé entre les ptomaïnes et les bases que nous avons méthylées ou phénylées.

III. Dans notre communication antérieure sur les ptomaïnes nous n'avons parlé que de leur formation après la mort dans les cadavres.

Des observations d'un ordre un peu différent doivent faire penser que ces alcaloïdes peuvent se développer pendant la vie sous l'influence de certains processus morbides.

Ainsi, le 31 juillet une femme meurt après le cinquième ou sixième mois de sa grossesse dans des conditions suspectes. Le parquet soupçonne qu'il y a eu tentative d'avortement. L'autopsie est faite le 2 août : on trouve une métropéritonite, au début. L'analyse chimique démontre qu'elle a succombé à une intoxication par la vératrine. Mais on trouve aussi une quantité considérable d'un alcoloïde ayant les caractères des ptomaïnes. L'analyse avait été faite aussi rapidement que possible, pour qu'il paraisse difficile de croire que cette ptomaïne ait pu se développer en assez grande abondance en un si court espace de temps.

Déjà, un auteur allemand a cru décéler par l'analyse, la présence d'un alcaloïde dans les produits extraits du pus formé par une plaie chez un individu atteint d'affection purulente; il l'avait appelé sepsine.

Il semble donc que dans certaines maladies, surtout dans les affections septiques, il peut se former pendant la vie des alcaloïdes analogues aux ptomaïnes. C'est une nouvelle voie de recherches, dans laquelle nous devons nous engager si nous voulons élucider complètement la question.

Qu'il nous soit permis de rappeler que nous avons démontré, dans une note communiquée en 1870 à la Société des hôpitaux, que dans quelques maladies, variole hémorrhagique, variole confluente, érysipèle, les globules sanguins ont perdu le pouvoir d'absorber une quantité normale d'oxygène. Leur pouvoir absorbant peut diminuer d'un tiers et même de moitié. N'y a-t-il pas là un lien qui semble rapprocher la formation des alcaloïdes dans les cadavres, quand la putréfaction s'opère avec un apport d'air iusuffisant, de la formation de produits septiques dans le cours de maladies, dans lesquelles le globule sanguin n'apporte plus aux tissus une quantité normale d'oxygène?

CHAPITRE VIII

L'importance de la physiologie (étude des organes, des tissus vivants et de leur fonction) n'est plus à démontrer, bien que notre savoir soit encore bien restreint.

Néanmoins, c'est en s'appuyant sur ces notions incomplètes que les médecins essaient de constituer une physiologie pathothologique; cette manière de faire est insuffisante et peut même conduire à l'erreur.

Nous croyons qu'il est préférable d'instituer des expériences qui se rapprochent beaucoup plus du but à atteindre : après avoir soumis les animaux pendant huit à dix jours à l'épreuve de la normale pour toutes les fonctions, après avoir réglé leur ration d'entretien, on détermine en employant la méthode antiseptique, des cessations de fonction, des phlegmasies dans chaque organe, dans chaque tissu, dont on veut étudier le retentissement sur le reste de l'organisme; — on peut même produire des états morbides, sinon identiques, du moins analogues à ceux du cadre nosologique; l'on arrive alors à étudier les fonctions et les tissus neuro-musculaires, la température, en un mot les liquides et les solides de l'organisme, au double point de vue de leurs fonctions et de leurs qualités physico-chimiques, pour arriver à établir des parallèles multiples à l'état physiologique et à l'état pathologique.

Pour atteindre ce but, nous avons recours aux méthodes les plus exactes de la physiologie, de la physique et de la chimie, nous avons perfectionné les méthodes anciennes, après en avoir créé de nouvelles qui ont été soumises à l'épreuve suprême de la balance. Parmi ces dernières, nous citerons la décolorimétrie chimique et le dosage de l'hémoglobine par la méthode optique (spectrophotométrie à images superposées.)

Parmi les applications nombreuses de la méthode, nous nous bornerons à citer : 1° Une note en collaboration avec M. Piogey sur les troubles nutritifs secondaires à des lésions expérimentales broncho-pulmonaires; 2° des travaux divers dont plusieurs ont été faits en collaboration avec M. Gréhant.

Comme on le sait, cette méthode a déjà été féconde, elle le deviendra davantage, grâce aux pionniers de la science qui, en cultivant ce champ fertile, reculeront, nous en sommes·persuadé, les bornes encore si restreintes de la physiologie pathologique.

B. — SUR LES TROUBLES NUTRITIFS SECONDAIRES AUX LÉSIONS DES BRONCHES
ET DES POUMONS, PAR E. QUINQUAUD ET PIOGEY

En pathologie humaine, il est difficile de mesurer exactement les modifications nutritives secondaires aux maladies du poumon; par exemple, avant l'affection morbide on ne connaissait pas la normale physiologique de la constitution chinique du sang, des tissus ou des humeurs, en un mot l'état physiologique n'est connu que par des moyens qui sont souvent loin de la réalité. De plus, en pathologie, les cas sont complexes; plusieurs lésions subsistent chez le même individu; dans ces circonstances, il est bien difficile de dire ce qui appartient à l'une ou à l'autre altération dans l'ordre des troubles nutritifs.

L'expérimentation nous vient en aide pour résoudre ces problèmes; nous avons d'abord soumis les animaux (cobayes et chiens) à l'épreuve dite normale physiologique; pendant ce temps, ils étaient soumis à la ration d'entretien; après dix à douze jours, et à plusieurs reprises, nous avons déterminé la normale du poids, de la composition chimique et histologique du sang et des urines. Après cette détermination, par une petite incision trachéale, nous avons introduit jusque dans les bronches à l'aide d'une sonde, du pus, du sang, du chyme, des aliments divers, de la poudre de cantharides, de la graine de moutarde, des corps inertes, des grains de plomb de divers calibres, de la poudre de lycopode, de l'huile, de la cire, de l'éponge préparée et des tiges de laminaria; après un laps de temps variable nous avons analysé les liquides de l'organisme.

Voici maintenant les premiers résultats de ces recherches en envisageant tout d'abord les cas où des lésions graves ont été produites dans le parenchyme pulmonaire; en général les troubles nutritifs sont en raison directe de l'étendue et de l'intensité de ces lésions; les modifications s'accentuent à mesure que l'on se rapproche de la mort.

Les altérations sont multiples. L'hémoglobine diminue de quantité; pour fixer les idées, prenons comme exemple

un chien qui a péri à la suite d'injections de nitrate d'argent.
Épreuve dite normale.

Hémoglobine totale obtenue :

Par la décolorimétrie chimique...................... 165 gr.
— la spectroscopie............................... 163
— l'analyse directe 162
Globules rouges, 5,230,420. Fibrine................ 2^{gr},5

A l'état pathologique. — 1° Cinq jours après l'injection intra-
bronchique :

Hémoglobine active............................... 140 gr.

Hémoglobine totale obtenue :

Par la décolorimétrie........................... 169^{gr},3
— la spectrophotométrie......................... 157^{gr},1
— l'analyse directe............................. 162 gr.
Globules rouges, 4,227,300. Fibrine............... 3^{gr},2

2° Dix jours après le début :

Hémoglobine active............................... 128 gr.

Hémoglobine totale obtenue :

Par la décolorimétrie........................... 148^{gr},5
— la spectrophotométrie......................... 144^{gr},2
— l'analyse directe............................. 151 gr.
Globules rouges, 3,921,425. Fibrine............... 5^{gr},4

3° Trente-cinq jours après l'injection :

Hémoglobine active............................... 94^{gr},2

Hémoglobine totale obtenue :

Par la décolorimétrie........................... 109^{gr},3
— la spectroscopie............................. 106^{gr},7
— l'analyse directe............................. 112^{gr},4
Globules rouges, 3,841,000. Fibrine............... 4^{gr},8

La diminution porte donc sur les érythrocytes du sang, sur

la quantité d'hémoglobine, tandis que l'augmentation de la fibrine est en rapport avec les phlegmasies. Nous avons observé la plus grande destruction des globules et de l'hémoglobine à la suite d'injections hydrargyriques. L'animal a pu perdre la moitié de l'hématocristalline avant la mort, tandis que dans les cas d'injections de nitrate d'argent, de sang, etc., la perte n'est en moyenne que le tiers du chiffre normal.

L'atélectasie, les emphysèmes artificiels amènent également des lésions hématiques semblables aux précédentes. Dans les cas d'altérations broncho-pulmonaires chroniques, il arrive parfois que la moitié de l'hémoglobine reste inactive.

Urée. — Le premier effet de toute irritation expérimentale broncho-pulmonaire est de diminuer la quantité d'urine et la quantité d'urée.

Nous expérimentons sur un chien de 6 kilog.

L'épreuve normale donne :

Urine : 300 c. c. Urée : 3 g. 70 en 24 heures.

Après l'injection de sang, pendant les six premiers jours, la température rectale oscille entre 39°,8 et 40°,3; la quantité d'urine varie de 85 c. c. à 180 c. c. en 24 heures. L'urée reste aux environs de 1 gr. 82 cent. ; ce n'est que le neuvième jour que l'urée s'élève à 3 gr., 3 gr. 4 décig. dans les 24 heures.

L'urine augmente : nous notons 2 à 300 cent. ; en même temps la température s'abaisse.

Nous observons les mêmes variations dans les cas d'injections de nitrate d'argent.

On voit encore, lorsque les lésions mettent longtemps à guérir, des sortes de *crises* avec élimination d'une plus grande quantité d'urée.

Ce sont les corps phlogogènes qui déterminent ces troubles

avec un maximum d'intensité, tandis que les corps moins irritants les engendrent à leur minimum. Ainsi à la suite d'introductions de grains de plomb dans les bronches d'un chien de 12 kil. qui, à l'état normal, urinait en moyenne 450 c. c. et 8 gr. d'urée en 24 heures nous avons pu constater une émission d'urine moindre. La quantité est descendue à 290,270 c. c. et l'urée à 5 gr. 3 décigr. pour revenir au taux normal, et l'urée s'élève à 8 gr. 71.

Les phénomènes se passent comme si, au début, il existait un barrage rénal qui cesse à la phase de réparation.

Poids. — Le poids diminue, et toutes choses égales d'ailleurs, la ration d'entretien et les conditions hygiéniques influent sur le graphique de cette perte de poids quotidien, mais le corps injecté qui favorise le plus la courbe descendante est le mercure : En 20 jours, un chien de 13 kil. 350 gr. qui a eu deux injections de mercure, a perdu 2 kil. 250 gr., près de 3 kil., tandis que dans le même temps un chien de même poids placé dans les mêmes conditions hygiéniques n'a perdu que 4 à 600 gr.

Les lésions inflammatoires elles-mêmes, produites par les injections de nitrate d'argent, n'agissent pas aussi activement. Ainsi un chien de 14 kil. ne perd en 26 jours que 1 kil. 500 a 2 kil.; un chien de 6 kil. auquel nous avons injecté du sang a perdu 2 kil. 100 gr. en 27 jours.

Les corps non-irritants, poudre de lycopode, graines de céréales, etc., en déterminant des obstructions, des atélectasies, font diminuer également le poids, mais dans des proportions moindres.

Les altérations mécaniques retentissent donc sur la nutrition générale ; on s'explique pourquoi les oblitérations bronchiques par elles-mêmes, étendues ou limitées, sont nuisibles au fonctionnement régulier de l'organisme, et pourquoi le médecin doit veiller, autant que faire se peut, à leur cessation.

Si la lésion broncho-pulmonaire disparaît, on voit le poids augmenter peu à peu, jusqu'au taux physiologique.

Dans les cours de ces expériences, nous avons pu constater que la théorie de Gairdner ne pouvait se soutenir; en injectant de la cire dans un point limité, on oblitère le bronche de telle sorte qu'il est impossible à l'air de passer entre le bouchon et le paroi bronchique; cependant le tissu pulmonaire s'affaisse, non pas immédiatement, mais peu à peu, à mesure que l'air enfermé dans la bronche se résorbe.

Il nous a été impossible de constater que chaque groupe d'agents détermine des lésions différentes. La poudre de lycopode injectée en suffisante quantité produit un emphysème vésiculaire et circonscrit.

Le mercure engendre des lésions speudo-tuberculeuses avec un grain hydrargique au centre.

La poudre de cantharide et le nitrate d'argent produisent des altérations broncho-pulmonaires avec le manchon phlegmasique péribronchique bien décrit par MM. Charcot, Joffroy, et Balzer, et la broncho-pneumonie expérimentale peut aller jusqu'à la destruction puro-sanieuse du poumon avec cavernules limitées et complications pleurales fréquentes.

Les injections de chyme déterminent des lésions à peu près semblables et donnent lieu à des noyaux de pneumonie gangréneuse et septique.

Le sang frais sortant du vaisseau peut devenir une cause de lésion broncho-pulmonaires avec des troubles nutritifs si graves que l'animal en meurt.

On comprend facilement toutes les applications de ces faits à

la pathologie humaine ; certes les altérations broncho-pulmonaires consécutives aux bronchorhagies guérissent souvent,
mais elles peuvent devenir graves sans toutefois engendrer la
phtisie ; et au lieu de dire qu'elles produisent la *phtisie ab
hemoptoe*, il serait plus juste de dire qu'elles engendrent la
broncho-pneumonie ab hemoptoe.

De même il est des cas où les aliments, après avoir séjourné
dans l'estomac, s'introduisent dans la trachée et dans les bronches et y déterminent des lésions broncho-pulmonaires qui peuvent devenir mortelles. Ici encore l'expérimentation est d'accord avec la clinique.

(Dans un autre travail nous étudierons les désordres survenus dans la fonction pulmonaire et dans les caractères his-
tochimiques.)

CHAPITRE IX

L'ANATOMO-PATHOLOGIE CHIMIQUE PAR E. QUINQUAUD

L'étude des altérations de tissu soit à l'œil nu, soit à l'œil armé du microscope nous a fait connaître la lésion de la maladie, et chaque jour elle agrandit encore le cercle de nos connaissances. Mais à côté de cette anatomo-pathologique, nous pensons qu'il y a lieu d'en édifier une autre, basée sur l'analyse chimique : c'est un champ à peine défriché, qui promet une ample moisson.

Aujourd'hui, ne voulant point nous étendre sur cette branche de la médecine scientifique, nous ne rapporterons que quelques exemples pour en démontrer tout l'intérêt ; toutes les analyses ont été faites par nous dans notre laboratoire.

Ces investigations chimiques nous renseignent sur trois ordres de faits fondamentaux : 1° sur l'existence d'un tissu altéré ; 2° sur la nature des processus morbides ; 3° sur des troubles secondaires et sur la pathogénie de certains groupes morbides.

1° — *Démonstration du tissu lésé.*

Comparons l'analyse quantitative d'un foie sain à celle d'un autre foie supposé malade.

ANALYSE DU FOIE D'UN HOMME DE TRENTE-SIX ANS, MORT EN QUELQUES HEURES
A LA SUITE D'UNE CHUTE DU CINQUIÈME ÉTAGE

Substances pour 100.	Foie normal.	Foie pathologique.
Eau	75.8	70
Matières solides	21.7	27.5
Substances azotées solubles	2.1	1.15
— insolubles	7.2	2.8
— extractives	5.65	3.9
Matières grasses	2.35	16.2
Sels solubles	0.56	0.37
— insolubles	0.49	0.21

Il est facile de voir que, dans le foie pathologique, les matières solides y sont en plus forte proportion tandis que l'eau,
les substances solubles, insolubles et extractives ont diminué
ainsi que les sels minéraux : les lésions de ce foie appartiennent à la *cirrhose hypertrophique des tuberculeux.*

Dans la cirrhose de Laennec les matières insolubles doublent
ou triplent, ce qui s'explique par la grande quantité de tissu
connectif; on peut donc conclure que dans le foie cirrhosé de
certains tuberculeux la quantité de tissu connectif est moindre
que dans la cirrhose alcoolique.

2° *Nature des processus morbides.*

Dans une masse hépatisée (pneumonie franche) on constate
une augmentation de matières azotées et surtout de la fibrine,
qui se fabrique aux dépens de l'albumine, les cellules du poumon devenant en quelque sorte des cellules glandulaires sous
l'influence du processus phlegmasique; les sels augmentent,
principalement le chlorure de sodium. De plus il s'y *produit
des dédoublements par hydratation :* aussi dans chaque foyer
phlegmasique y avons-nous trouvé trente à trente-cinq sub-

stances, dont quelques-unes présentent les réactions des ptomaïnes.

MATIÈRES MINÉRALES POUR 100

	Poumon normal.	Poumon hépatisé.
Acide sulfurique	1.1	2.9
Potasse	0.98	3.7
Chlorure de sodium	12.5	31.7
Oxyde de fer	2.8	6.3

Autre exemple : mettons en parallèle la composition chimique centésimale d'un noyau cancéreux du foie avec le
parenchyme du même organe :

	Noyaux cancéreux.	Tissu hépatique.
Eau	81.1	74.63
Matériaux solides	18.9	25.37
Substances grasses	3.9	9.92
Sels solubles	0.434	0.603
— insolubles	0.282	0.532

Dans l'évolution cancéreuse il s'accumule plus d'eau, mais
la néoplasie est *plus pauvre* que le foie en matériaux solides,
en substances grasses, en sels solubles et insolubles.

Comparant la composition minérale des noyaux de *pneumonie* et des infiltrations tuberculeuses, nous avons trouvé que
la néoplasie tuberculeuse est plus pauvre en tout excepté en
chaux, en silice et en magnésie; l'infiltration spécifique n'est
donc pas une pneumonie.

Enfin, l'analyse chimique des cœurs appartenant à des malades qui sont morts subitement a fait voir une diminution
des matériaux solides, des sels solubles et insolubles avec augmentation des matériaux azotés solubles; contrairement à

la théorie, la graisse, à moins qu'elle n'atteigne de grandes proportions ne paraît pas jouer un rôle prépondérant.

	Cœur normal.		Cœur avec mort subite.
Eau.	75	Eau	85.1
Matériaux solides	25	Matériaux solides	14.9
Graisse	2.86	Graisse	3.4
Sels solubles	0.139	Sels solubles	0
— insolubles	0.044	— insolubles	0.24

3° Troubles secondaires. Pathogénie.

En 1874, M. Schützenberger démontre que l'albumine pure, dans certaines conditions donne naissance à de nombreux produits ; la même année et en 1876 nous prouvons à l'aide d'analyses chimiques nombreuses (*Moniteur scientifique*) que tous les corps de la désassimilation peuvent s'obtenir artificiellement non seulement avec l'albumine mais encore avec les *parenchymes* de tous nos tissus ; enfin, en 1877, nous les retrouvons à l'*état normal* dans les liquides et les solides de l'organisme à l'état physiologique, les tissus les produisent donc en très faible proportion à l'état normal ; remarquons que plusieurs de ces produits sont des agents nuisibles à l'économie. Enfin en 1880 (thèse agrégation) nous avons fait voir que dans les foyers morbides on rencontrait des agents toxiques à réactions semblables à celles que donnent les alcaloïdes de Selmi, de Gautier, de Brouardel et Boutmy, de Bouchard, ptomaïnes que nous avons produites artificiellement à l'aide d'une haute température, d'un autoclave et des alcalis. Depuis lors nous en avons trouvé à l'état physiologique et à l'état pathologique, toutefois c'est dans ce dernier cas où elles existent en plus grande quantité, soit dans le foie, soit dans le sang, soit dans les urines de malades atteints d'affections adynamiques.

Ces substances dites ptomaïnes, mauvais mot à notre avis, ont des propriétés d'ensemble, assez différentes, suivant la nature de la lésion observée. Pour le démontrer, nous avons pris des extraits de tissus ou de liquides éthérés, chloroformiques, d'alcool amylique et nous les avons injectés à des cobayes et à des chiens : les extraits de pneumonie, de phlegmon sont très phlogogènes, ceux de la gangrène sont très septiques.

Des matières analogues se retrouvent dans le sang et les tissus des urémiques et des cholémiques, dans ces cas nous avons trouvé des réactions tout à fait analogues à celles qui sont indiquées par Selmi dans son beau travail sur les alcaloïdes cadavériques ; il ne reste plus qu'à les isoler et à montrer leurs propriétés différentes suivant les circonstances où on les observe.

Un dernier point encore à l'avoir de l'anatomie pathologique chimique : en analysant le sang d'un certain nombre de vieillards, qui succombaient avec des pneumonies à forme typhoïde, nous avons été frappé de noter 2^{gr} à $2^{gr},5$ d'urée pour 1000 grammes de sang (chiffre normal $0^{gr},17$) : en même temps on rencontre divers produits de rétention rénale.

En résumé toutes ces recherches agrandissent le cadre de nos connaissances physiologiques et pathologiques ; elles tendent à nous faire connaître les échanges intimes dans la santé et dans la maladie. Elles peuvent également s'appliquer à la thérapeutique expérimentale ; dès lors les médications pourront entrer dans une voie réellement scientifique, qui fera le plus grand honneur à la chimie médicale.

CHAPITRE X

MESURE DE LA MASSE TOTALE DU SANG

MESURE DU VOLUME ET DE LA MASSE TOTALE DU SANG CONTENU DANS L'ORGANISME D'UN MAMMIFÈRE VIVANT, PAR MM. GRÉHANT ET E. QUINQUAUD.

Les divers procédés qui ont été employés pour mesurer le volume ou le poids du sang contenu dans l'organisme d'un animal sont sujets à de nombreuses causes d'erreur, et l'on ne peut pas regarder comme exacts les résultats qu'ils ont fournis ; nous avons cherché à établir et à vérifier une méthode dont le principe avait été indiqué par Gréhant ; dans ce travail nous en avons déterminé l'application et la technique ; elle permet d'évaluer exactement la quantité totale de sang chez l'animal vivant : les résultats obtenus sont très concordants. Le procédé de mesure repose sur la propriété bien établie par l'illustre Cl. Bernard, que possède l'oxyde de carbone de donner avec l'hémoglobine des globules du sang une combinaison plus fixe que la combinaison formée par cette matière colorante avec l'oxygène, de sorte que dans l'empoisonnement produit par l'oxyde de carbone, ce dernier gaz se substitue à l'oxygène volume à volume.

D'une manière générale pour obtenir le volume total du sang il suffit de faire respirer à l'animal un volume de gaz homogène contenant des proportions d'oxyde de carbone bien déterminées, afin d'apprécier, après un quart d'heure par exemple, le volume d'oxyde de carbone restant, ce qui donne le volume d'oxyde de carbone fixé par la masse du sang. D'un autre côté, on détermine par l'analyse des gaz du liquide sanguin le volume d'oxyde de carbone fixé par un volume donné de sang, on arrive à ce résultat en évaluant la capacité respiratoire de deux échantillons de sang, l'un pris avant l'empoisonnement, l'autre après : connaissant d'une part le volume total de l'oxyde de carbone fixé, et d'autre part le volume de ce gaz, qui a été absorbé par 100 centim. cubes de sang. on obtient par une simple proportion le volume cherché.

Pour arriver à ce résultat, on effectue plusieurs opérations que nous allons décrire successivement.

a. — On prend dans l'artère ou dans la veine d'un animal, d'un chien, par exemple, un premier échantillon de sang normal du volume de 30 centim. cubes : on l'injecte aussitôt dans un flacon numéroté et on le défibrine par l'agitation.

b. — Dans une cloche graduée et fermée par un bouchon que traverse un robinet à trois voies, on compose un mélange de cinq litres d'oxygène, à l'aide d'un litre jaugé, plus autant de fois 100 centim. cubes d'oxyde de carbone pur que le poids de l'animal renferme de fois $7^k,360$; nous sommes arrivés à cette dose qui n'est pas mortelle à la suite de nombreux tâtonnements.

c. — Sur la tête de l'animal : fixé sur une gouttière, on attache avec le plus grand soin à l'aide de liens serrés une muselière de caoutchouc ; le tube par lequel la muselière se termine est réuni au robinet à trois voies de la cloche ; au bout d'une minute on tourne le robinet et l'animal respire le mélange gazeux pendant un temps que nous avons fait varier dans de nombreuses expériences de 9 à 18 minutes.

d. — Avant que la dernière minute se soit écoulée on prend dans le même vaisseau avec une seringue un second échantillon de sang qui est intoxiqué partiellement, on l'injecte dans un flacon où il est défibriné par l'agitation.

Dans un long tube gradué on mesure un certain volume, 100 centim. cubes environ de gaz restant dans la cloche, on absorbe l'acide carbonique par la potasse et on fait à l'aide de l'eudiomètre l'analyse du gaz la cloche, ce qui fait connaître par un calcul très simple quel est le volume exact du gaz qui restait dans cette cloche et dans les poumons (mesure du volume des poumons par l'hydrogène d'après le procédé Gréhant).

f. — Un litre de gaz expiré est introduit dans un ballon de caoutchouc et additionné de 3 à 4 litres d'air; ce mélange traverse une série des barboteurs à potasse et à eau de baryte (flacons témoins) qui le dépouillent de l'acide carbonique, puis les gaz traversent :

1° Un long tube rempli de tournure de cuivre grillée et chauffée au rouge;

2° Un second tube dans lequel on a introduit de l'eau de baryte qui absorbe l'acide carbonique provenant de la combustion de l'oxyde de carbone et donnant du carbonate de baryte insoluble; ce précipité laissé dans le tube est décomposé dans le vide par un acide; l'acide carbonique est recueilli à l'aide de la pompe à mercure; le volume d'acide carbonique trouvé correspond à un volume égal d'oxyde de carbone;

3° On détermine le pouvoir absorbant pour l'oxygène de deux échantillons de sang pris avant et après l'intoxication par CO, il y a une grande différence entre les deux nombres obtenus :

le second échantillon absorbe beaucoup moins d'oxygène que
le premier; la différence de deux pouvoirs absorbants ou des
capacités respiratoires indique exactement quel est le volume
d'oxyde de carbone qui a été fixé par le sang et que l'on rapporte à 100 centim. cubes. Enfin, connaissant d'une part le
volume total d'oxyde de carbone pur qui a été fixé par la totalité du sang, et d'autre part le volume de ce gaz qui a été absorbé par 100 centim. cubes on obtient par une simple proportion le volume cherché.

Afin de fixer les idées, nous prendrons un exemple, qui in-
diquera la marche à suivre pour arriver au dosage de la masse
totale du sang par rapport au poids de l'animal.

PRÉPARATION DE L'OXYDE DE CARBONE POUR L'INTOXICATION

L'oxyde de carbone, préparé en chauffant du bioxalate de potasse avec un excès d'acide sulfurique, n'est jamais pur; dans
le flacon bouché à l'émeri, qui renferme le gaz on ajoute, sous
l'eau, un morceau de potasse, on agite pour absorber une certaine quantité d'acide carbonique que le flacon de potasse,
employé lors de la préparation, a laissé échapper.

On mesure dans un long tube gradué un certain volume de
gaz 75 centim. cubes par exemple; on introduit sous l'eau un
tube rempli d'une solution de protochlorure de cuivre dans
l'acide chlorhydrique, qui a été préparé en introduisant dans
un flacon de la tournure de cuivre et un excès d'acide chlorhydrique; on ferme le tube gradué avec un bouchon de caoutchouc et l'on agite vivement; le réactif absorbe tout l'oxyde de
carbone et il reste, par exemple, 3 centim. cubes de résidu;

ainsi 73 centim. cubes de gaz renferment 72 centim. cubes d'oxyde de carbone pur.

Il en résulte que si l'on veut obtenir un volume déterminé de gaz contenant par exemple 100^{cc} d'oxyde de carbone pur, le volume du gaz à employer sera donné par la proportion :

$$\frac{75}{72} = \frac{n}{100} \; ; \; \text{d'où } n = 100 \times \frac{75}{72} \; ;$$

Cherchons le quotient de 75 : 72, on aura 1,0416; c'est le facteur par lequel il faut multiplier le volume d'oxyde de carbone pur que l'on désire; le produit $104^{cc},1$ mesuré dans une cloche graduée contiendra exactement 100^{cc} d'oxyde de carbone pur.

Le poids du chien est de $10^{k},150$; partons de la dose que nous avons choisie comme n'étant pas mortelle, après des essais multipliés, c'est-à-dire 100^{cc} d'oxyde de carbone pur pour $7^{k},3$ du poids de l'animal, il faudra pour un chien de $10_{k},150$ un volume d'oxyde de carbone qui sera donné par la proportion :

$$\frac{7^{k},300}{100} = \frac{10,150}{y} \; ; \; y = 139^{cc} \; ;$$

Multiplions 139 par le coefficient de correction 1,0416 et nous obtenons $144^{cc},8$. On introduit dans une grande cloche pouvant contenir 10 litres, graduée en litres et demi-litres et munie d'un robinet à trois voies, un mélange de 5 litres d'oxygène provenant d'un gazomètre; 1 litre d'hydrogène mesuré dans un litre jaugé et 148^{cc} d'oxyde de carbone, volume un peu différent du précédent 144,8 parce qu'il est difficile dans une cloche graduée de faire passer exactement un volume donné. Avant de faire respirer ce mélange, on découvre l'artère .

carotide, on fixe dans le vaisseau une canule métallique munie
d'un tube de caoutchouc et l'on aspire deux seringues de sang,
environ 50^{cc} de sang normal qui est injecté dans un flacon
bouché à l'émeri que l'on fait agiter pour défibriner le
sang.

Sur le museau de l'animal, on place une muselière de
caoutchouc que l'on applique exactement à l'aide d'un lien et
de plusieurs anneaux de caoutchouc de manière que l'adaptation soit exacte ; on fait respirer l'animal dans la cloche soutenue
sur l'eau ; dans les premiers moments le chien présente un peu
d'agitation, mais il respire régulièrement ; après dix minutes
environ, on fait une seconde prise de sang qui cette fois est
intoxiqué et renferme une certaine proportion d'oxyde de carbone ; quand on a pris le sang on tourne le robinet pour faire
respirer l'animal dans l'air, on le détache et généralement il
se rétablit complètement après cette mesure, la plaie se guérit
au bout d'un certain temps. Il faut alors déterminer le volume
du gaz qui est contenu dans la cloche et celui qui était resté
dans les poumons.

MESURE DU VOLUME DE GAZ RESTANT DANS LA CLOCHE
TE DANS LES POUMONS

On introduit dans un long tube gradué sur l'eau 104^{cc},4 de
gaz, on agite avec de la potasse, le volume se réduit à 92^{cc},3 ; il
y avait donc 12^{cc},1 d'acide carbonique. On fait passer dans l'eudiomètre 41^{cc},4 du gaz dépouillé d'acide carbonique, après
l'étincelle ce volume devient 31,4 la réduction est 10^{cc}, dont le
tiers 3,333 représente l'oxygène et les deux tiers 6,666 d'hy-

drogène : mais si $41^{cc},4$ de gaz contenaient $6,666$ d'hydrogène, quel était le volume d'hydrogène contenu dans $92,3$? La proportion suivante résout la question :

$$\frac{41,4}{6,666} = \frac{92,3}{n} \; ; \; \text{d'où } n = 14,86$$

Mais ce ne sont pas $92^{cc},3$ qui représentent le gaz, mais $104,4$ qui ont été soumis d'abord à l'analyse, et comme la cloche et les poumons ont reçu d'abord 1000^{cc} d'hydrogène pur, le volume cherché sera obtenu par la proportion :

$$\frac{104,4}{14,86} = \frac{y}{1000} \; ; \; \text{d'où } y = 7 \text{ litres } 25.$$

Après cette analyse eudiométrique nous avons dosé la quantité d'oxyde de carbone restant dans un litre de ce mélange gazeux dont nous connaissons maintenant le volume. Il nous paraît utile de donner quelques détails sur le procédé que nous avons suivi, pour le dosage de l'oxyde de carbone par la voie sèche, méthode qui donne des résultats très exacts.

Dans un long tube en verre de Bohême (fig. 5), on a introduit de la tournure de cuivre, grillée à l'air, dont la flamme a été projetée à plusieurs reprises sur le cuivre contenu dans un têt à combustion. Le tube, placé au centre d'un tube en fer, est disposé dans une grille à analyse chauffée par le gaz au rouge sombre, il est fermé à ses deux extrémités par deux bouchons de caoutchouc traversés par des tubes droits de verre qui communiquent avec une série de barboteurs à potasse, lesquels doivent absorber complètement l'acide carbonique du gaz soumis au dosage, avant son passage à travers le tube à combustion ; pour que l'on ait la certitude que cette absorption soit totale, il faut intercaler entre le dernier barbo-teur à potasse et la grille à analyse un tube de Liebig modifié contenant une solution d'eau de baryte qui ne doit jamais se troubler; à la suite du tube à combustion, on dispose un tube de verre large de 3 centimètres environ et ayant 60 cen-timètres de longueur, à moitié rempli d'eau de baryte et

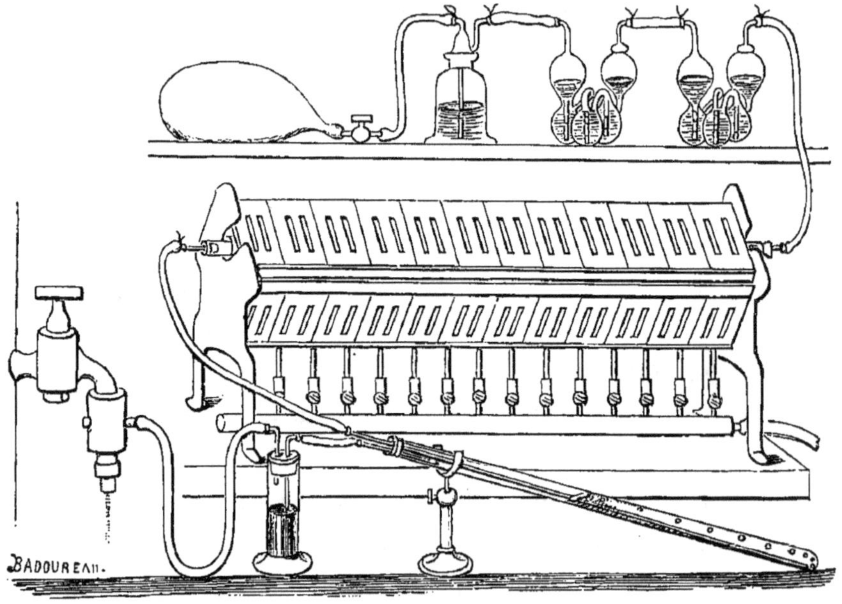

FIG. 5.

fermé par un bouchon de caoutchouc à deux trous : l'un est traversé par un robinet de verre qui se termine dans le tube par un long tube de verre se rendant d'un côté jusqu'à l'extré-mité opposée du tube principal, de l'autre au tube à combustion à l'aide d'un tube en caoutchouc; la seconde ouverture du bou-chon est traversée par un tube de verre recourbé qui sert pour faire l'aspiration avec la trompe : ce tube, qui doit absorber complètement l'acide carbonique produit par la combustion de l'oxyde de carbone, laquelle a lieu au contact de l'oxyde de cuivre, est maintenu incliné sur l'horizon de manière à former un angle aigu avec celui-ci; l'avantage de cette disposition est de faire passer lentement les bulles de gaz à travers l'eau de baryte et de permettre une absorption complète de l'acide carbonique.

Il faut remarquer que le litre de gaz expiré soumis à la recherche et qui contient de l'oxyde de carbone renferme un mélange gazeux dans lequel entre de l'hydrogène dans la proportion d'un gaz détonant. Pour éviter l'inflammation de ce mélange qui pourrait avoir lieu, on a soin de faire passer le litre de gaz dans un petit ballon de caoutchouc muni d'un robinet et de lui ajouter 3 ou 4 litres d'air; alors la proportion d'hydrogène contenue dans ce mélange devient inférieure à $1/10^e$; or on sait que dans ces rapports le mélange gazeux n'est plus combustible; le ballon de caoutchouc est fixé au premier barboteur à potasse, et à l'aide d'une trompe à eau et d'une pince à pression on fait arriver bulle à bulle le gaz du ballon à travers tout l'appareil qui est représenté par la figure.

Mais il y a une précaution à prendre lorsqu'on se sert pour la première fois de ce procédé de dosage. En faisant passer de l'air du laboratoire, dépouillé d'acide carbonique, ne contenant pas trace d'oxyde de carbone, à travers le tube à combustion, on obtient cependant toujours un précipité volumineux de carbonate de baryte qui provient des poussières de carbonate de chaux ou organiques contenues, soit dans l'intérieur du tube à combustion, soit dans la tournure de cuivre; il faut faire circuler de l'air pendant plusieurs heures et renouveler l'eau de baryte jusqu'à ce qu'elle reste parfaitement limpide, après quoi on peut opérer en toute sécurité. Le carbonate de baryte apparaît dans le tube sous la forme d'un précipité assez abondant; on le décompose dans le même tube en unissant celui-ci à une pompe à mercure par l'intermédiaire d'un tube de verre recourbé fixé au tube, dont on a enlevé le bouchon, à l'aide d'un morceau de tube de caoutchouc appliqué par des liens et enveloppé d'un manchon de caoutchouc plein d'eau froide. Lors qu'on a fait un vide approché par les manœuvres de la pompe, on fait arriver dans le récipient, immergé dans l'eau chaude, à l'aide d'un entonnoir fixé au-dessus du robinet de la pompe, de l'acide chlorhydrique pur dilué dans de l'eau distillée, acide que l'on a fait bouillir pour chasser complétement l'acide carbonique qu'il pourrait contenir (on le conserve dans le ballon qui a servi à l'ébullition). La décomposition a lieu immédiatement, le liquide s'éclaircit aussitôt et l'on recueille dans une cloche graduée pleine de mercure tout l'acide carbonique dégagé dans la réaction, on le dose sur le mercure en y ajoutant de la potasse.

1000 centim. cubes de gaz expiré soumis à ces opérations de dosage, ont donné $11^{cc},1$ d'acide carbonique qui correspondent à $11^{cc},1$ d'oxyde de carbone (un volume d'oxyde de carbone donnant en brûlant un volume d'acide carbonique). Pour savoir ce que 7025 centim. cubes de mélange renfermaient d'oxyde de carbone, il suffit de multiplier 7,025 par 11,1, ce qui donne 78 centim. cubes de gaz.

Dosage de l'oxyde de carbone fixé par le sang. Pour déterminer le volume d'oxyde de carbone fixé par 100 centim. cubes de sang, nous avons employé le procédé suivant :

On fait passer de l'oxygène à travers le premier échantillon de sang, puis, à l'aide d'une planche à secousses mise en mouvement par un petit moteur hydraulique, on soumet

le sang et l'oxygène à une vive agitation pendant un quart
d'heure; le liquide sanguin est filtré sur un linge et placé
dans un entonnoir qui plonge dans un tube gradué en centimètres cubes, on a soin de ne pas comprimer la toile qui
retient la fibrine et une grande partie de la mousse; on ferme
le tube divisé avec un bouchon, on y attache solidement une
corde avec laquelle on fait tourner rapidement le tube comme
s'il s'agissait d'un thermomètre à alcool, la longueur de la
corde étant environ d'un mètre; par cette opération on rassemble à la surface du sang les petites bulles de gaz qui étaient
restées incluses dans le liquide, on note quel est le volume
occupé par le sang que l'on verse dans un entonnoir fixé par
un tube de caoutchouc au-dessus du robinet de la pompe à
mercure : le récipient a d'abord été vidé d'air absolument par
une trompe de Golaz et par les manœuvres de la pompe; on
tourne le robinet de manière à faire entrer le sang dans le
récipient, on ajoute dans le tube gradué et dans l'entonnoir
20 centim. cubes d'eau distillée récemment bouillie pour laver
les parois, puis on laisse entrer un peu de mercure pour chasser
l'eau du tube d'aspiration; le bain d'eau est maintenu à 40°
par un régulateur d'Arsonval. L'extraction des gaz du sang
a donné les résultats suivants :

Gaz total. . . . .   17^{cc}

Après la potasse.   7,7

Après l'acide pyrogallique   1,3

                                                     ———————
                                                     6,4 d'oxygène.

35^{cc},3 de sang ont donné 6,4 d'oxygène : 100 centim. cubes
de ce liquide auraient donné :

$$\frac{6,4 \times 100}{35,3} = 18^{cc},1.$$

Telle est la capacité respiratoire du premier échantillon du sang normal.

Le second échantillon de sang a donné pour 32 centim. cubes de sang :

          Gaz............................... ... 9,3
          Après la potasse.......................... 3,7
          Après l'acide pyrogallique................. 0,45
                                                    ———
                                                    3,25

32 centim. cubes de sang ont donné 3,25 d'oxygène;
100 centim. cubes de sang auraient donné :

$$\frac{3{,}25 \times 100}{32} = 100^{cc},1.$$

C'est la capacité respiratoire du sang intoxiqué.

La différence 18,1 — 10,1 = 8 centim. cubes représente le volume d'oxyde de carbone qui a été fixé par 100 centim. cubes. Mais nous avons fait respirer à l'animal 148 centim. cubes d'oxyde de carbone : remarquons que 75 centim. cubes de ce gaz contenaient 72 d'oxyde de carbone pur; par suite, 148 centim. cubes renfermaient :

$$\frac{148 \times 72}{75} = 142^{cc} \text{ d'oxyde de carbone.}$$

78 centim. cubes du même gaz ont été retrouvés, donc 142 — 78 = 64 centim. cubes ont été absorbés par le sang; nous avons reconnu que 100 centim. cubes de sang ont absorbé 8 d'oxyde de carbone, le volume du sang s'obtiendra par la proportion :

$$\frac{100}{8} = \frac{x}{64} \text{ d'où } x = 800.$$

Comparons ce volume de sang au poids de l'animal qui est 10k,150 et nous obtenons :

$$\frac{800}{10,150} = \frac{1}{y}\;;\;\text{d'où}\;y = 12,7.$$

Le poids de sang est compris entre $\frac{1}{12}$ et $\frac{1}{13}$ du poids du corps.

Nous publions dans le tableau suivant une série de résultats que nous avons obtenus et qui donnent des nombres très concordants. Les chiffres sont compris entre $\frac{1}{11}$ et $\frac{1}{138}$. Ce dernier étant une limite extrême.

POIDS des chiens.	CO PUR employé.	CO retrouvé.	DURÉE de l'expérience.	CAPACITÉ respiratrice du 2e sang.	CAPACITÉ respiratrice du 1er sang.	VOLUME de sang.	PROPORTION par rapport au poids du corps.
k 10.150	142	78	13^m	10.1	18.1	800	$\dfrac{1}{12.7}$
16.200	217.7	17.2	9^m	14.25	29.0	1172	$\dfrac{1}{13.8}$
20.600	282.3	58.8	10^m	9.1	21.1	1860	$\dfrac{1}{11}$
20.470	277.5	51.2	10^m	12.06	25.6	1671	$\dfrac{1}{12}$
22.770	310.8	44.1	8^m	9.0	28.5	1839	$\dfrac{1}{12.4}$
17.500	239.5	34.8	$9^m.30$	7.7	23.1	1329	$\dfrac{1}{13}$
17.870	244.7	28.3	10^m	14.2	27.6	1637	$\dfrac{1}{11}$
16.370	223.9	27.4	16^m	13.1	27.5	1364	$\dfrac{1}{12.4}$
26.320	360	38.6	10^m	10.1	25.6	2178	$\dfrac{1}{12}$

Critique expérimentale du procédé. — L'exactitude de ce procédé de mesure suppose que l'oxyde de carbone combiné avec l'hémoglobine se trouve distribué d'une manière homogène dans tout l'appareil circulatoire; nous avons vérifié ce fait en prenant chez des animaux partiellement intoxiqués deux échantillons de sang, l'un dans le système artériel et l'autre dans le système veineux; les expériences ont montré que les capacités respiratoires de deux échantillons de sang sont les mêmes, et que par suite 100 centim. cubes de sang pris en n'importe quel endroit des vaisseaux sanguins contiennent exactement le même volume d'oxyde de carbone.

Exemple. — Après avoir mesuré le volume de sang chez un animal, nous lui avons fait subir le lendemain une hémorrhagie de volume mesuré en répétant de nouveau le dosage après la soustraction du sang, nous avons trouvé un volume moindre que le premier, la différence étant à peu près égale au volume de sang pris par hémorrhagie, nous n'insistons pas davantage sur ces points qui établissent l'exactitude de la méthode.

Dans une première mesure, le 27 mars, on vérifie la méthode sur une chienne de $15^k,500$, on fait respirer à l'animal $212^{cc},3$ d'oxyde de carbone pur dans le mélange ordinaire ; la chienne respire dans la cloche par un tube fixé dans la trachée. On fait la prise de sang entre la septième et la dixième minute. Le premier échantillon de sang normal renferme 30 pour 100 d'oxygène.

Le second échantillon 13,125 pour 100.

Donc 100 centim. cubes de sang ont absorbé $16^{cc},875$ de CO.

La décomposition du carbonate de baryte donne $6^{cc},35$ d'oxyde de carbone pour un litre, pour tout l'oxyde de carbone $174^{cc},3$ absorbé par le sang.

Pour le volume total du sang on aura donc :

$$\frac{16,875}{100} = \frac{x}{173,3} = 1033^{cc},2 \text{ pour le sang total.}$$

Hémorrhagie de 175 centim. cubes de sang.

Dans une deuxième mesure, on soumet l'animal aux mêmes séries d'opérations.

Le 1er échantillon de sang renferme...... $27^{cc},40$ d'oxygène.
Le 2e échantillon de sang oxycarboné.. ... $10^{cc},25$
———————
$17^{cc},15$ CO fixé.

La décomposition du carbonate de baryte donne $151^{cc}2$, d'oxyde de carbone étant en combinaison avec l'hémoglobine.

Pour le volume cherché on aura :

$$\frac{100}{17,15} = \frac{x}{151,2} \quad \text{d'où } x = 881,6$$

Or, entre la première et la deuxième mesure nous avons enlevé à cette chienne.

$$
\begin{array}{lcl}
5 \text{ seringues de sang de } 25^{cc} & = & 125^{cc} \\
2 \text{ seringues de même volume} & = & 50^{cc} \\
\hline
& & 175 + 881,6 = 1056.
\end{array}
$$

Le chiffre avant l'hémorrhagie était de $1,033^{cc}$, cela fait une différence de 23 grammes.

Nous pourrions en citer bien d'autres qui donnent des résultats tout à fait analogues.

Nous pouvons donc conclure que cette méthode donne des résultats rigoureux.

Son importance n'échappera à personne; il nous semble qu'elle sera une nouvelle méthode d'investigation utile dans bien des recherches de régénération du sang, de physiologie pathologique applicable à la médecine clinique : il est même difficile de limiter le champ de ses applications, tellement elles sont nombreuses et variées.

Ce travail a été fait au Muséum d'histoire naturelle, dans le laboratoire de Physiologie générale, dirigé par M. le professeur Rouget.

FIN

TABLE DES MATIÈRES

FIN DE LA TABLE DES MATIÈRES

MOTTEROZ, Adm.-Direct. des Imprimeries réunies, B, Puteaux